本書の特色と使い方

この本は，算数の文章問題と図形問題を集中的に学習できる画期的な問題集です。苦手な人も，さらに力をのばしたい人も，1日1単元ずつ学習すれば30日間でマスターできます。

① 例題と「ポイント」で単元の要点をつかむ

各単元のはじめには，空所をうめて解く例題と，そのために重要なことがら・公式を簡潔にまとめた「ポイント」をのせています。

② 反復トレーニングで確実に力をつける

数単元ごとに習熟度確認のための「まとめテスト」を設けています。解けない問題があれば，前の単元にもどって復習しましょう。

③ 自分のレベルに合った学習が可能な進級式

学年とは別の級別構成（12級〜1級）になっています。「進級テスト」で実力を判定し，選んだ級が難しいと感じた人は前の級にもどり，力のある人はどんどん上の級にチャレンジしましょう。

④ 巻末の「解答」で解き方をくわしく解説

問題を解き終わったら，巻末の「解答」で答え合わせをしましょう。「解き方」で，特に重要なことがらは「チェックポイント　　　　　　　　　　　：理解しながら学習を進めることができます。

JN124612

文章題・図形 **5級**

本書に関する最新情報は，当社ホームページにある本書の「サポート情報」をご覧ください。（開設していない場合もございます。）

1日 分数と小数・整数

(1) 5 L の水を 2 等分すると，1 つ分は何 L になりますか。分数で答えなさい。

$$5 \div 2 = \frac{5}{①} \text{(L)}$$

ポイント わり算の商は分数で表すことができます。 $\triangle \div \square = \dfrac{\triangle}{\square}$

(2) 2 L は 8 L の何倍ですか。分数と小数の両方で答えなさい。

$$2 \div 8 = \frac{2}{②} = \frac{1}{③}$$ 　分子を分母でわると，$\boxed{④} \div 4 = \boxed{⑤}$

（答え）　分数… $\dfrac{1}{4}$ ，　小数… $\boxed{⑤}$

ポイント 分数を小数で表すときは，分子を分母でわります。 $\dfrac{\triangle}{\square} = \triangle \div \square$

1 米 6 kg を 5 人で等しく分けると，1 人分は何 kg になりますか。分数で答えなさい。

2 下の図で，㋐のリボンの長さは，㋑のリボンの長さの何倍になりますか。分数で答えなさい。

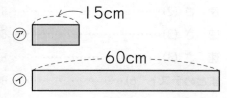

㋐　15cm

㋑　60cm

3 A の湖の広さは 8 km², B の湖の広さは 5 km² です。A の湖の広さは B の湖の広さの何倍ですか。分数と小数で答えなさい。

分数 [   ] , 小数 [   ]

4 図書館へ行って, $\frac{2}{5}$ 時間読書をして, それから 0.8 時間勉強をしました。

(1) 0.8 時間を分数で表しなさい。

約分できるときは,
約分して答えよう。

[   ]

(2) 読書をした時間と勉強をした時間の合計は何時間ですか。分数で答えなさい。

[   ]

5 牛肉 $\frac{3}{4}$ kg, とり肉 0.25 kg を焼いて食べました。

(1) 0.25 kg を分数で表しなさい。

[   ]

(2) 牛肉ととり肉では, どちらの方が何 kg 重いですか。分数で答えなさい。

[   ] の方が [   ] kg 重い。

2日 分数のたし算とひき算（1）

リボンを，るいさんは $\frac{2}{3}$ m，なみさんは $\frac{1}{4}$ m 持っています。

(1) 2人の持っているリボンの長さは合わせて何 m ですか。

$$\frac{2}{3} + \frac{1}{4} = \frac{8}{12} + \frac{\boxed{①}}{12} = \boxed{②} \text{(m)}$$

(2) るいさんとなみさんの持っているリボンの長さのちがいは何 m ですか。

$$\frac{2}{3} - \boxed{③} = \frac{8}{12} - \frac{3}{12} = \boxed{④} \text{(m)}$$

ポイント 分母のちがう分数のたし算・ひき算は，通分してから計算します。

1 算数を $\frac{3}{5}$ 時間，理科を $\frac{2}{3}$ 時間勉強しました。合わせて何時間勉強しましたか。

2 ジュースが $\frac{5}{6}$ L あります。そのうち $\frac{2}{5}$ L 飲むと残りは何 L になりますか。

3 $\frac{3}{4}$ kg のボウルに，ケーキの材料が $\frac{5}{12}$ kg 入っています。全部で何 kg ですか。

4 ジャムを $\frac{9}{14}$ kg つくって，$\frac{3}{10}$ kg のびんに入れました。

(1) 全部で何 kg ですか。

（解答欄）

(2) 中のジャムを毎日少しずつ食べたので，数日後，びんは全部で $\frac{10}{21}$ kg になりました。何 kg 食べましたか

（解答欄）

5 お米が $\frac{1}{2}$ kg ありました。そこへ $\frac{2}{3}$ kg のお米を加え，さらに $\frac{1}{6}$ kg のお米を加えました。お米は全部で何 kg になりましたか。

（解答欄）

6 ピッチャーに麦茶が $\frac{4}{9}$ L 入っています。ゆうかさんが $\frac{1}{3}$ L 飲んだ後，お母さんが $\frac{5}{6}$ L たしました。いまピッチャーの中の麦茶は何 L ですか。

（解答欄）

7 $\frac{13}{15}$ m の紙テープのうち $\frac{12}{25}$ m を使ってかざりを作りました。余ったテープで小さいかざりを作りましたが，それでも $\frac{1}{10}$ m 残りました。小さいかざりに使った紙テープの長さを求めなさい。

（解答欄）

3日 分数のたし算とひき算（2）

$\frac{1}{2}$ kg の容器に油が $1\frac{1}{4}$ kg 入っています。

(1) 全部で何 kg ですか。

$$\frac{1}{2} + 1\frac{1}{4} = \frac{\boxed{①}}{4} + 1\frac{1}{4} = 1\boxed{②} \ \text{(kg)}$$

(2) 中の油を $\frac{3}{5}$ kg 使いました。油が入った容器は何 kg になりましたか。

$$1\boxed{②} - \frac{3}{5} = 1\boxed{③} - \boxed{④} = 1\boxed{⑤} \ \text{(kg)}$$

ポイント 帯分数のたし算・ひき算は，整数部分どうし，分数部分どうしで計算します。

1 お茶がやかんに $1\frac{3}{10}$ L，水とうに $1\frac{1}{6}$ L 入っています。合わせて何 L ですか。

2 けいたさんの身長は $1\frac{2}{3}$ m，あゆむさんの身長は $1\frac{2}{5}$ m です。ちがいは何 m ですか。

3 家から学校までの道のとちゅうに図書館があります。家から図書館までは $1\frac{2}{5}$ km，

図書館から学校までは $\frac{5}{6}$ km です。家から学校までの道のりは全部で何 km ですか。

4 ペンキが $3\frac{3}{8}$ L あります。かべにぬるのに $1\frac{2}{5}$ L 使いました。ペンキは何 L 残っていますか。

[   ]

5 ワイヤーを買って，$4\frac{5}{12}$ m 使いました。買ったワイヤーは 10m まきでした。何 m 残りましたか。

[   ]

6 まりさんは，毎日ジョギングをしています。2 日前は $1\frac{1}{6}$ km 走りました。昨日は $2\frac{1}{4}$ km 走りました。今日は $1\frac{2}{3}$ km 走りました。3 日間で何 km 走りましたか。

[   ]

7 $5\frac{2}{3}$ m² の花だんがあります。ただしさんはそのうち $1\frac{2}{5}$ m² に肥料をまき，ひろしさんは $2\frac{5}{6}$ m² に肥料をまきました。まだ肥料がまかれていないところは何 m² ありますか。

[   ]

分数や小数のたし算とひき算

➡ 解答は 66 ページ　　月　　日

ポテトサラダを $\frac{2}{7}$ kg，トンカツを 0.4kg つくりました。

(1) 合わせて何 kg ですか。

$$\frac{2}{7} + 0.4 = \frac{2}{7} + \frac{①}{10} = \frac{②}{70} + \frac{③}{70} = \frac{④}{70} = ⑤ \ (kg)$$

(2) ポテトサラダとトンカツを皿にもると，全部で 1.5 kg になりました。皿の重さを求めなさい。

全体からトンカツの重さをひくと，$1.5 - 0.4 = ⑥ \ (kg)$

皿の重さは，$⑥ - \frac{2}{7} = 1\frac{⑦}{70} - \frac{②}{70} = \frac{77}{70} - \frac{20}{70} = ⑧ \ (kg)$

ポイント 小数と分数の混じった計算は，分数にそろえるといつでも計算できます。

1 1.7 dL のコーヒーに $1\frac{2}{3}$ dL の牛にゅうを入れて，カフェオレをつくります。カフェオレは何 dL できますか。

2 メロンジュースが 0.75 L，パイナップルジュースが $\frac{3}{5}$ L あります。どちらの方が何 L 多いですか。

　　　　　　　　　　　　　ジュースの方が　　　　　　　　L 多い。

3 水がバケツに $2\frac{4}{7}$ L，じょうろに $1\frac{23}{28}$ L，きりふきに 0.25 L 入っています。合わせて何 L ありますか。

4 0.3 dL の絵の具を，昨日 $\frac{2}{25}$ dL，今日 0.11 dL 使いました。絵の具はあと何 dL 残っていますか。

5 しおひがりで，ハマグリが $3\frac{4}{5}$ kg，アサリが 2.75 kg 採れました。採った貝を $\frac{7}{10}$ kg のバケツに入れると，全部で何 kg になりますか。

6 バイクにガソリンが 1.5 L 入っています。$3\frac{3}{14}$ L 給油した後，$1\frac{1}{7}$ L 使いました。いま，バイクに入っているガソリンは何 L ですか。

7 みずきさんは今日 1 日で，理科と国語と算数を，合わせて 4 時間勉強しようと考えています。はじめに理科を 0.9 時間，次に国語を $1\frac{1}{6}$ 時間勉強しました。あと算数を何時間勉強すればよいですか。

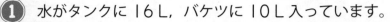
① 水がタンクに 16 L, バケツに 10 L 入っています。

(1) タンクに入っている水を 18 等分すると, 1 つ分は何 L になりますか。分数で答えなさい。(6点)

(2) バケツに入っている水のかさはタンクに入っている水のかさの何倍ですか。分数と小数で答えなさい。(7点×2 － 14点)

分数　　　　　　　, 小数

② 3 つの数 $\frac{17}{20}$, 0.89, $\frac{8}{9}$ を小さい方から順にならべなさい。(9点)

③ リボンを買ってきて, $\frac{7}{12}$ m と $\frac{5}{18}$ m の 2 本に切り分けました。買ってきたリボンの長さを求めなさい。(9点)

④ 体重 $\frac{2}{7}$ t のシカと, 体重 $\frac{2}{3}$ t のウマがいます。体重のちがいを求めなさい。(9点)

⑤ 家から公園までの道のとちゅうに本屋があります。家から本屋までは $2\frac{1}{3}$ km，本屋から公園までは $\frac{3}{4}$ km です。家から公園までの道のりは全部で何 km ですか。

(10点)

⑥ $4\frac{2}{7}$ a の畑のうち，$2\frac{4}{5}$ a を耕しました。まだ耕されていないところは何 a ありますか。(10点)

⑦ 右の図のような，山とその登山コースがあります。東駅前からX地点までのAルートは $1\frac{5}{6}$ km，X地点から山ちょうまでのBルートは2.4 km，X地点から山ちょうまでのCルートは $1\frac{1}{2}$ km，西駅前から山ちょうまでのDルートは 3100 m です。

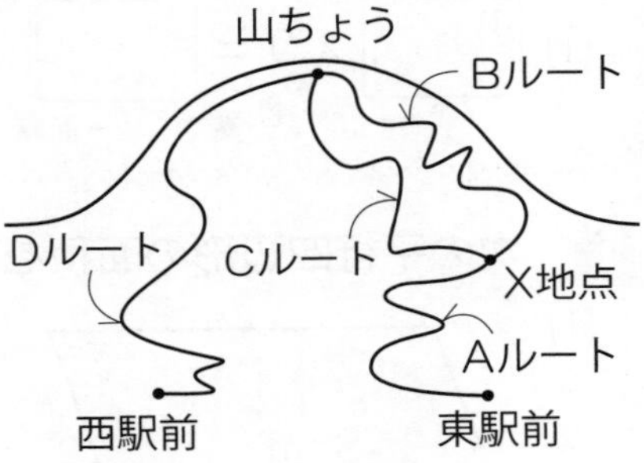

(11点×3 = 33点)

(1) 東駅前からAルートとBルートを通って山ちょうに登るコースは，全長何 km ですか。

(2) BルートとCルートの道のりのちがいは何 km ですか。

(3) 東駅前からAルートとCルートを通って山ちょうに登った後，Dルートを通って西駅前に下るコースは，全長何 km ですか。

6日 四角形と三角形の面積（1）

次の平行四辺形の面積を求めなさい。

(1)
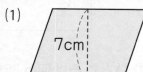
7cm
9cm

(2)
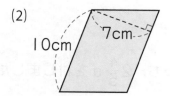
7cm
10cm

ポイント 平行四辺形の面積 ＝ 底辺 × 高さ

平行四辺形の１つの辺を底辺としたとき，その底辺から向かい合う辺にひいた
垂直な直線の長さを高さといいます。

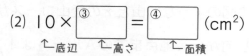

(1) ① ×7＝ ② （cm²）
　　↑底辺　↑高さ　↑面積

(2) 10× ③ ＝ ④ （cm²）
　　　　↑底辺　↑高さ　↑面積

1 次の平行四辺形の面積を求めなさい。

(1)
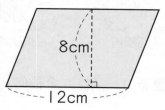
8cm
12cm

(2)
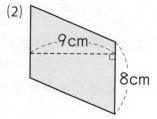
9cm
8cm

(3)
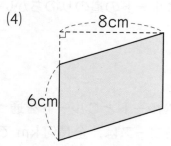
6cm
7cm

(4)
8cm
6cm

2 底辺の長さが 5.5 cm，高さが 4 cm の平行四辺形があります。この平行四辺形の面積は何 cm² ですか。

3 面積が 120 cm²，底辺の長さが 8 cm の平行四辺形の高さは何 cm ですか。

4 高さが 6 cm，面積が 21 cm² の平行四辺形の底辺の長さは何 cm ですか。

5 次の平行四辺形の面積を求めなさい。

(1)
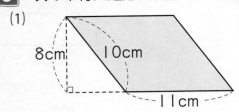

(2)
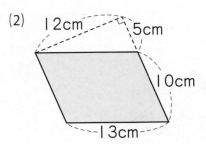

四角形と三角形の面積（2）

次の三角形の面積を求めなさい。

(1) 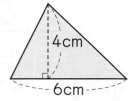 (2)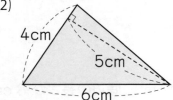

ポイント 三角形の面積 ＝ 底辺 × 高さ ÷ 2

底辺をどこにするかで高さが変わることに注意しましょう。

(1) ①□ × 4 ÷ 2 ＝ ②□ (cm²) (2) ③□ × 5 ÷ 2 ＝ ④□ (cm²)

1 次の三角形の面積を求めなさい。

(1) 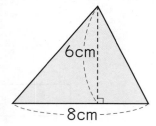 (2)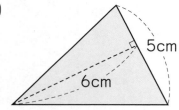

(3) 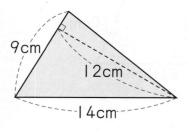 (4)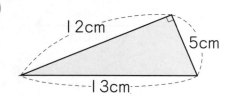

2 底辺の長さが 3.5 cm，高さが 4.2 cm の三角形があります。この三角形の面積は何 cm² ですか。

3 面積が 18 cm²，高さが 9 cm の三角形の底辺の長さは何 cm ですか。

4 底辺の長さが 8 cm，面積が 15 cm² の三角形の高さは何 cm ですか。

5 次の三角形の面積を求めなさい。

(1)
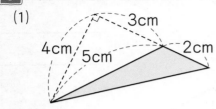

(2)
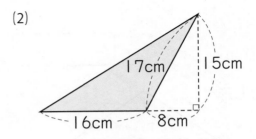

8日　四角形と三角形の面積（3）

(1) 上底の長さが 3 cm, 下底の長さが 5 cm, 高さが 4 cm の台形の面積を求めなさい。

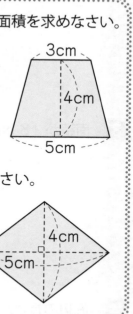

ポイント 台形の面積 = （上底 + 下底）× 高さ ÷ 2

$$\left(\boxed{①} + 5\right) \times \boxed{②} \div 2 = \boxed{③} \ (\text{cm}^2)$$
↑上底　↑下底　↑高さ　　↑面積

(2) 2 つの対角線の長さが 4 cm と 5 cm のひし形の面積を求めなさい。

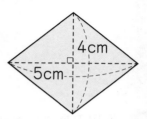

ポイント ひし形の面積 = 対角線 × 対角線 ÷ 2

$$4 \times \boxed{④} \div 2 = \boxed{⑤} \ (\text{cm}^2)$$
↑　　↑対角線　　↑面積

1 次の四角形の面積を求めなさい。

(1) 台形

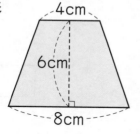

(2)

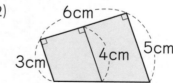

(3) ひし形

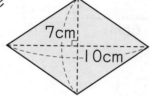

(4)

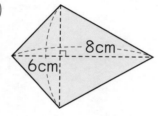

2 次のような図形の面積を求めなさい。

(1) 上底の長さが 4 cm，下底の長さが 6 cm，高さが 8 cm の台形

(2) 2 つの対角線の長さがそれぞれ 9 cm，10 cm のひし形

3 次の四角形の面積を求めなさい。

(1) 正方形

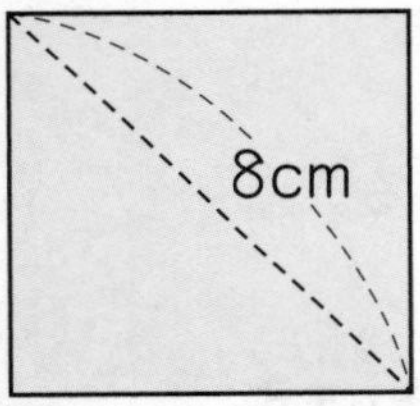

8cm

正方形はひし形とみ
ることもできるね。

(2) ひし形

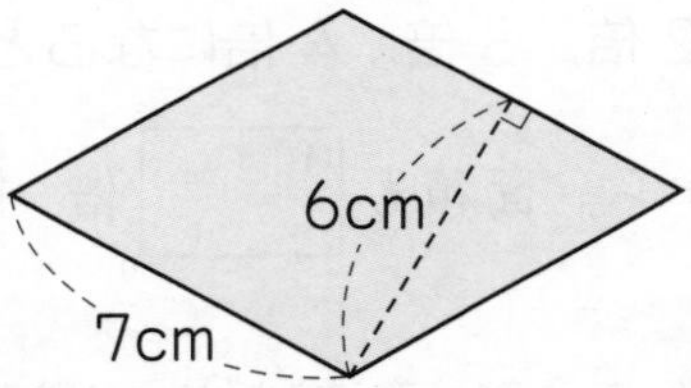

6cm

7cm

4 上底の長さが 6 cm，高さが 6 cm，面積が 63 cm^2 の台形があります。この台形の下底の長さは何 cm ですか。

5 面積 18 cm^2 の正方形があります。この正方形の対角線の長さは何 cm ですか。

9日 四角形と三角形の面積 （4）

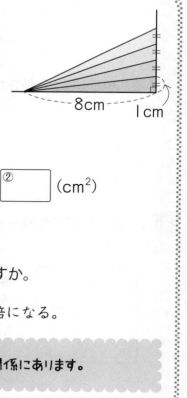

底辺が 8 cm の三角形があります。

(1) 高さが 1 cm，2 cm，3 cm，……と変わると，面積はそれぞれ何 cm^2 になりますか。次の表を完成させなさい。

高さ （cm）	1	2	3	4	…
面積 (cm²)	4	㋐	㋑	㋒	…

㋐は 8 × 2 ÷ 2 = ①〔　　　〕 (cm^2)　　㋑は 8 × 3 ÷ 2 = ②〔　　　〕 (cm^2)

㋒は 8 × 4 ÷ 2 = ③〔　　　〕 (cm^2)

(2) 高さが 2 倍，3 倍，4 倍になると，面積はどうなりますか。

上の表から，面積も ④〔　　　〕倍，⑤〔　　　〕倍，⑥〔　　　〕倍になる。

ポイント 三角形の底辺が等しいとき，高さと面積は比例の関係にあります。

---

1 高さが 7 cm の三角形があります。

(1) 底辺の長さが 1 cm，2 cm，3 cm のとき，面積はそれぞれ何 cm^2 になりますか。

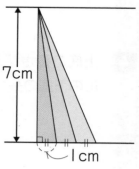

1 cm 〔　　　　〕 ，2 cm 〔　　　　〕 ，3 cm 〔　　　　〕

(2) 底辺の長さが 2 倍，3 倍，……になると，面積はどうなりますか。

〔　　　　　　　　　　　　　　　〕

2 右の図の㋐の三角形は，底辺の長さが
4.3 cm，高さが 3.6 cm で，㋑の三角
形は，底辺の長さが 4.3 cm，高さが
5.4 cm です。㋑の三角形の面積は㋐の
三角形の面積の何倍ですか。面積を計算
しないで求めなさい。

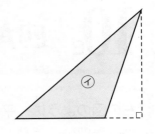

3 右の図において，AとBの直線，Bと
Cの直線はそれぞれ平行で，AとBの
間とBとCの間の長さは等しくなって
います。また，㋐と㋑の三角形の底辺の
長さは等しく，㋒の三角形の底辺の長さ
はその 2 倍です。㋐の面積が 7 cm² で
あるとき，㋑，㋒の面積をそれぞれ求め
なさい。

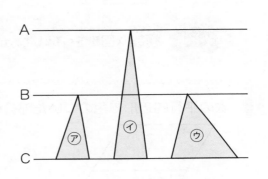

㋑ [　　　　　] ，　㋒ [　　　　　]

4 右の図において，AとBの直線，Bと
Cの直線はそれぞれ平行で，AとBの
間とBとCの間の長さは等しくなって
います。また，㋐の三角形と㋑の平行
四辺形の底辺の長さは等しいです。㋐
の面積が 4 cm² であるとき，㋑の面積
を求めなさい。

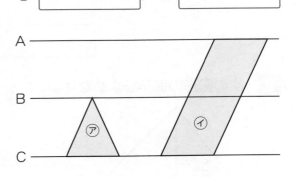

四角形と三角形の面積 (5)

右の図のように，平行四辺形の土地に道があります。色のついた部分の面積を求めなさい。

右下の図のように道の部分を左右につめて考えると，色のついた部分は底辺の長さが 14 m，高さが 9 m の平行四辺形になります。したがって，求める面積は，

①□ × 9 = ②□ (m²)

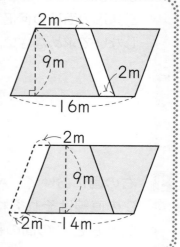
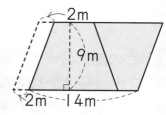

ポイント 複雑な図形をくふうしてわかりやすい図形にします。

1 次の平行四辺形で色のついた部分の面積を求めなさい。

(1)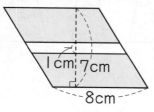

(2)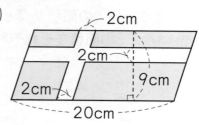

2 次の図形の面積を求めなさい。

(1)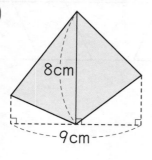

(2)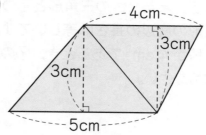

20

3 右の図で色のついた部分の面積を求めなさい。

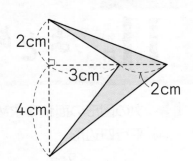

4 次の図で色のついた部分の面積を求めなさい。

(1)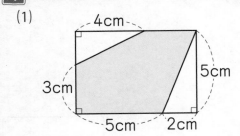

(2)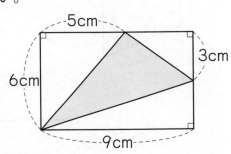

(3)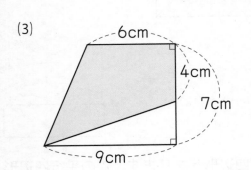

(4)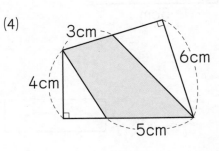

まとめテスト (2)

得点　　　点

① 次の図形の面積を求めなさい。(10 点× 4 ― 40 点)

(1) 平行四辺形

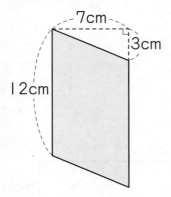

7cm
3cm
12cm

(2)

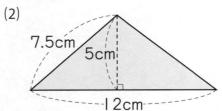

7.5cm
5cm
12cm

(3)

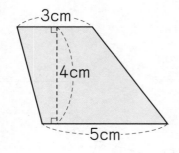

3cm
4cm
5cm

(4) 正方形

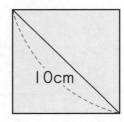

10cm

② 面積が 48 cm^2, 底辺の長さが 8 cm の平行四辺形があります。この平行四辺形の高さは何 cm ですか。(10 点)

3 面積が 21 cm², 高さが 6 cm の三角形があります。底辺の長さは何 cm ですか。

(10点)

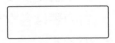

4 上底の長さが 4 cm, 高さが 5 cm, 面積が 25 cm² の台形があります。この台形の下底の長さは何 cm ですか。(10点)

5 2 つの三角形⑦, ⑦があります。⑦の面積は 5 cm² です。⑦は高さが⑦と同じですが, 底辺の長さが⑦の 3 倍です。⑦の三角形の面積を求めなさい。(10点)

6 次の図で色のついた部分の面積を求めなさい。(10点× 2 － 20点)

(1)

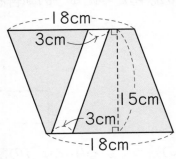

(2)

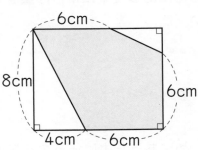

割　合 (1)

5年生でクラブの入部希望調査をしました。
右の表は各クラブの定員と希望者の数を表したものです。

クラブ	定員(人)	希望者(人)
サッカー	30	42
陸　上	15	12

(1) サッカークラブで, 定員を 1 としたときの希望者の割合を求めなさい。

 割合 ＝ 比べる量 ÷ もとにする量
割合は単位なしで表すことができます。

サッカークラブの希望者 ①[　　　] 人が比べる量, サッカークラブの定員 ②[　　　]

人がもとにする量なので, 割合は, ①[　　　] ÷ ②[　　　] ＝ ③[　　　]
　　　　　　　　　　　　　　↑比べる量　↑もとにする量

(2) 陸上クラブで, 定員を 1 としたときの希望者の割合を求めなさい。

陸上クラブの希望者 ④[　　　] 人が比べる量, 陸上クラブの定員 ⑤[　　　] 人がも

とにする量なので, 割合は, ④[　　　] ÷ ⑤[　　　] ＝ ⑥[　　　]
　　　　　　　　　　　　　↑比べる量　↑もとにする量

1 350 mL の牛にゅうのうち, 70 mL を飲みました。

(1) はじめにあった牛にゅうの量をもとにしたときの飲んだ牛にゅうの割合を求めなさい。

[　　　　　　]

(2) はじめにあった牛にゅうの量をもとにしたときの残っている牛にゅうの割合を求めなさい。

[　　　　　　]

2 ゆいさんの兄の身長は 168 cm，ゆいさんの身長は 105 cm です。
(1) ゆいさんの身長に対する兄の身長の割合を求めなさい。

（空欄）

(2) 兄の身長に対するゆいさんの身長の割合を求めなさい。

（空欄）

3 80 個のあめ玉のうち，64 個を食べました。
(1) はじめにあったあめ玉の個数を 1 としたときの食べたあめ玉の個数の割合を百分率で求めなさい。

百分率は ％（パーセント）で表すよ。

（空欄）

(2) 食べたあめ玉の個数を 1 としたときの残っているあめ玉の個数の割合を百分率で求めなさい。

（空欄）

4 ある学校の読書クラブは，男子 14 人，女子 21 人です。
(1) 読書クラブ全員のうち，男子の割合を歩合で求めなさい。

0.1 → 1 割だよ。

（空欄）

(2) 読書クラブ全員のうち，女子の割合を歩合で求めなさい。

（空欄）

➡解答は 71 ページ　月　日

13日 割　合 (2)

合唱部の定員は 20 人で，入部希望者は定員の 70 % です。希望者は何人いますか。

ポイント 比(くら)べる量 ＝ もとにする量 × 割合(わりあい)

「定員の 70 %」とあるので，定員がもとにする量，70 % が割合になります。
百分率(ひゃくぶんりつ)や歩合(ぶあい)で表された割合は，小数になおして計算します。

70 % → 0.7 なので，入部希望者は，①［　　］× 0.7 ＝ ②［　　］（人）

もとにする量↑　↑割合

1 ひとみさんの兄の身長は 140 cm です。

(1) ひとみさんの姉の身長は兄の身長の 0.85 倍です。姉の身長は何 cm ですか。

［　　　　］

(2) ひとみさんの身長は姉の身長の 0.9 倍です。ひとみさんの身長は何 cm ですか。

［　　　　］

2 全部で 150 ページある本を読んでいます。

(1) 1 日目に全体の 6 割を読みました。1 日目は何ページ読みましたか。

［　　　　］

(2) 2 日目は 1 日目の 5 割を読みました。2 日目は何ページ読みましたか。

［　　　　］

3 カレーライス 1 人前の重さは 550 g です。

(1) ライスだけの重さはカレーライスの重さの 40 % です。ライスだけの重さは何 g ですか。

(2) カレーライスにトンカツをつけることにしました。トンカツの重さは，ライスだけの重さの 0.55 倍です。トンカツをのせたカレーライス全体の重さは何 g ですか。

4 グラウンドの面積は 300 a あります。

(1) サッカークラブがグラウンドの 30 % を使っています。サッカークラブが使っている面積は何 a ですか。

(2) 残りのグラウンドの 40 % を陸上部が使っています。使われていないグラウンドの面積は何 a ですか。

5 動物図かんのねだんは 2500 円です。

(1) 植物図かんのねだんは動物図かんのねだんの 8 割にあたります。植物図かんのねだんは何円ですか。

(2) 動物図かんと植物図かんを両方買って，お金を出したら，おつりは動物図かんのねだんの 20 % でした。出したお金は何円ですか。

14日 割　合 (3)

バスケットボールクラブの入部希望者は 28 人でした。これは, 定員の 140 % です。
バスケットボールクラブの定員は何人ですか。

ポイント もとにする量 ＝ 比べる量 ÷ 割合

「定員の 140 %」とあるので, 定員がもとにする量, 140 % が割合になります。

また, 28 人は比べる量になり, 140 % は小数で表すと [①　　] なので, 定員は,

$$28 ÷ ①\boxed{} = ②\boxed{} (人)$$

比べる量↗　　↖割合

1 ペットボトルに水が 360 mL 入っています。これは, ペットボトルに入る量の 0.8 倍にあたります。ペットボトルに入る量は何 mL ですか。

2 学校のグラウンドの 4 割をサッカークラブが使っています。サッカークラブが使っている面積は 1 ha です。学校のグラウンドは何 ha ですか。

3 あやさんの身長は 122.4 cm で姉の身長の 80 % です。姉の身長は兄の身長の 9 割です。

(1) 姉の身長は何 cm ですか。

(2) 兄の身長は何 cm ですか。

4 まことさんは家から公園まで歩きます。とちゅう，本屋と図書館に寄りました。

(1) 家から本屋までは 420 m で，これは家から公園までの道のりの 3 割 5 分にあたります。家から公園までは何 m ですか。

（解答欄）

(2) 本屋から図書館までの道のりは図書館から公園までの道のりの 30 % にあたる 180 m でした。図書館から公園までは何 m ありますか。

（解答欄）

5 ある学校の 5 年生が社会科見学に行きました。

(1) 工場に行った人は 5 年生の 65 % で，78 人でした。5 年生は何人ですか。

（解答欄）

(2) 美術館へ行った人は資料館へ行った人の 125 % で 20 人でした。資料館へ行った人は何人ですか。

（解答欄）

(3) 工場へも美術館へも資料館へも行かなかった人の全体に対する割合を百分率で求めなさい。

（解答欄）

15日 割　合（4）

ある店で牛にゅうが売られています。

(1) この店は1本150円で仕入れた牛にゅうに 20％ の利益をみこんで定価をつけました。定価はいくらですか。

20％加えるので，仕入れたねだんを1としたときの定価の割合は 1＋0.2＝1.2 になります。定価は，150×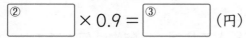 ＝ □② （円）

(2) 今日は安売りの日で，定価の 10％ 引きのねだんで売っています。売っているねだんはいくらですか。

10％引きなので，定価を1としたときの売っているねだんの割合は 1−0.1＝0.9 になります。売っているねだんは，

 ×0.9＝ □③ （円）

> **ポイント**
> 20％加える → 0.2 増える → 割合は 1＋0.2＝1.2
> 10％引き → 0.1 減る → 割合は 1−0.1＝0.9

1 あるスーパーでソーセージが売られています。

(1) 1本120円で仕入れたソーセージに 30％ の利益をみこんで定価をつけました。定価はいくらですか。

(2) (1)の定価で売れ残りがあったので，それらを定価の 25％ 引きですべて売りました。残りを売ったねだんはいくらですか。

2 ある店に仕入れのねだんが 12000 円のコートがあります。

(1) 仕入れのねだんに 20 % の利益をみこんで定価をつけました。ところが売れないので，定価の 5 % 引きにして特別価格にしました。特別価格はいくらですか。

（かかく）

[　　　　]

(2) このコートが売れたとき，店のもうけはいくらですか。

もうけは，売ったねだんと
仕入れたねだんの差だね。

[　　　　]

3 ある電化製品が定価の 25 % 引きの 4800 円で売られていました。この電化製品の定価はいくらですか。

（せいひん）

[　　　　]

4 5 年生のあるクラス 32 人がバスに乗って遠足に行きました。

(1) バス代は 1 人 450 円です。30 人以上乗るとき団体割引で 2 割引きになるそうです。32 人のバス代の合計はいくらですか。

[　　　　]

(2) 32 人のバス代の合計は，割引がまったくないときと比べて，いくら安くなっていますか。

（くら）

[　　　　]

16日 割　合 (5)

小学生 300 人の好きな給食のメニューを調べました。次の表はその結果です。

好きなメニュー	カレーライス	ラーメン	スパゲティ	シチュー	からあげ	その他	合　計
人数(人)	108	75	36	24	18	39	300
百分率(%)	36	25	㋐	8	㋑	13	100

(1) ㋐, ㋑にあてはまる数を答えなさい。

㋐にあてはまる数は，⨸ ① ÷ 300 × 100 = ② (%)
比べる量　　もとにする量

㋑にあてはまる数は，③ ÷ 300 × 100 = ④ (%)

(2) 上の結果を帯グラフと円グラフで表します。空らん㋒, ㋓, ㋔をうめなさい。

好きな給食のメニュー

| カレーライス | ㋒ | スパゲティ | ㋓ | からあげ | その他 |

```
0  10  20  30  40  50  60  70  80  90  100(%)
```

帯グラフや円グラフでは，割合の大きい順に各部分をその割合にしたがって区切ります。ただし，「その他」は最後にします。したがって，

㋒は ⑤ ，

㋓は ⑥ ，

㋔は ⑦ です。

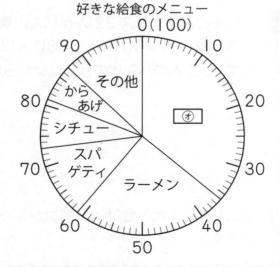

好きな給食のメニュー

ポイント 帯グラフや円グラフでは，ふつう割合の大きい順に各部分をそれぞれの百分率にしたがって区切ります。ただし，「その他」は最後にします。

1 次の帯グラフは，駅前通りを歩いている 250 人の服の色を調べて，色別に整理したものです。

駅前通りを歩いている人の服の色

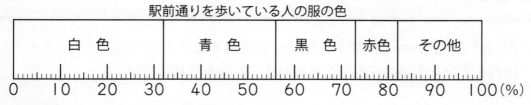

(1) 青色の服を着ていた人の割合は何 % ですか。

(2) 青色の服を着ていた人は何人いましたか。

(3) 白色以外の服を着ていた人は何人いましたか。

2 右の円グラフは，休日に行きたい場所について小学生にアンケートをとった結果を表したものです。テーマパークと答えた人は 64 人いました。

休日に行きたい場所

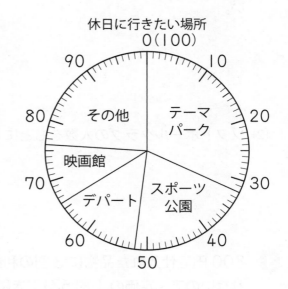

(1) アンケートに答えた小学生は全部で何人ですか。

(2) デパートと答えた人は何人ですか。

(3) スポーツ公園と答えた人は映画館と答えた人の何倍ですか。

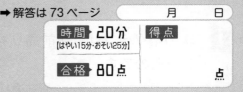
17日 まとめテスト (3)

① 80 m² の花だんがあります。60 m² に肥料をまきました。(10点×2－20点)

(1) 肥料をまいた面積の花だん全体に対する割合を求めなさい。

(2) 肥料をまいていない面積の花だん全体に対する割合を求めなさい。

② 5年生120人のうち，24人がソフトボールクラブに入っています。ソフトボールクラブの男子は6人，女子は18人です。(10点×2－20点)

(1) 5年生の人数をもとにしたソフトボールクラブの人数の割合を百分率で表しなさい。

(2) ソフトボールクラブの人数をもとにした女子の人数の割合を百分率で表しなさい。

(3) 800円で仕入れた品物に3割の利益を加えて定価をつけました。ところが，売れないので，定価の1割5分引きにしたところ売れました。実際の利益はいくらになりましたか。(10点)

④ 青いテープと赤いテープがあります。青いテープの長さは 3.6 m で，赤いテープの長さは，青いテープの長さの 8 割にあたるそうです。(10点×2－20点)

(1) 赤いテープの長さは何 m ですか。

(2) 青いテープから赤いテープと同じ長さだけ取りました。残った青いテープの長さは，はじめにあった青いテープの長さの何 % ですか。

⑤ わたるさんの学校の 5 年生のうち，36 % が夏休みの自由研究でうちゅうについて調べました。残りの人の 25 % は湖にいる魚について調べました。(10点×2－20点)

(1) 湖にいる魚について調べた人は 20 人でした。わたるさんの学校の 5 年生でうちゅうについて調べなかった人は何人いますか。

(2) わたるさんの学校の 5 年生は何人ですか。

⑥ 小学生 150 人にお年玉の使いみちを聞きました。次の表はその結果です。

服	CD	ゲームソフト	本	貯金	スポーツ用品	その他
24	9	45	18	36	12	6

それぞれの割合を百分率で求め，次の帯グラフを完成させなさい。(10点)

お年玉の使いみち

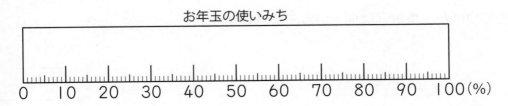

18日 円と正多角形（1）

円の上に等しい間かくで 5 つの点をとり，それらを頂点とする正五角形をかきました。右の図は正五角形の各頂点と円の中心 O を結んだものです。

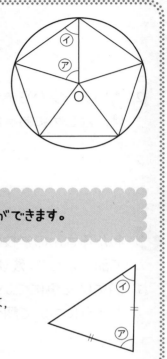

(1) ㋐の角の大きさを求めなさい。

円の中心のまわりの角は 360° なので，

① ［　　　］ 等分して，360° ÷ ① ［　　　］ = ② ［　　　］°

ポイント 正多角形は円の中心のまわりの角を等しく分けてかくことができます。

(2) ㋑の角の大きさを求めなさい。

右の三角形は二等辺三角形になるので，㋑の角の大きさは，

(180° − ③ ［　　　］°) ÷ 2 = ④ ［　　　］°

1 右の図のように，円の上に等しい間かくで 6 つの点をとり，それらを頂点とする正六角形をかきました。点 O は円の中心です。

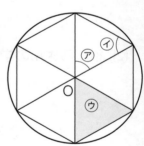

(1) ㋐の角の大きさを求めなさい。

［　　　　　］

(2) ㋑の角の大きさを求めなさい。

［　　　　　］

(3) 色のついた三角形㋒は何という三角形ですか。

［　　　　　］

2 右の図のように，円の中心から 45° ずつ区切って半径をかきました。半径が円と交わった点を上から時計回りに㋐，㋑，㋒，…とします。㋐，㋑，㋒，…を順に結んでいくと，どんな形ができますか。

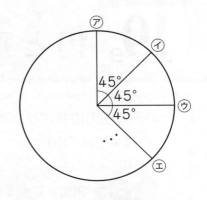

3 右の円とコンパスを用いて正六角形をかきなさい。ただし，点 O は円の中心です。

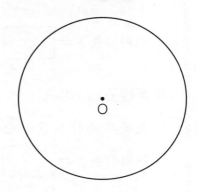

4 次の図で㋐，㋑の角の大きさを求めなさい。

(1) 正五角形　　　　　　　　　　(2) 正六角形

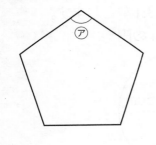　　　　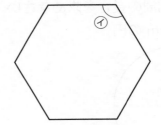

5 右の図は正六角形の中に正方形をかいたものです。正六角形の 1 辺の長さと正方形の 1 辺の長さが等しいとき，㋐の角の大きさを求めなさい。

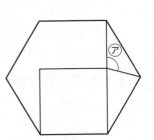

二等辺三角形がかくれているよ。

19日 円と正多角形 (2)

次の円の円周の長さを求めなさい。ただし，円周率は 3.14 とします。

(1) 直径 4cm の円

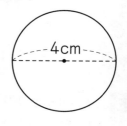

ポイント 円周の長さ ＝ 直径 × 円周率

円周の長さ ＝ ①□ × ②□ ＝ ③□ (cm)
　　　　　　　↑直径　　↑円周率

(2) 半径 6cm の円

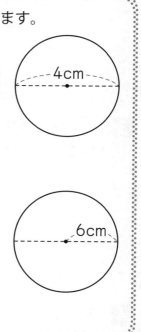

直径 ＝ 半径 × 2 となることに注意しましょう。

円周の長さ ＝ ④□ × 2 × ②□

　　　　　　＝ ⑤□ (cm)

1 次の円の円周の長さを求めなさい。ただし，円周率は 3.14 とします。

(1) 直径が 5cm の円

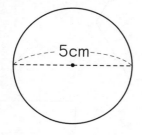

(2) 半径 3.5cm の円

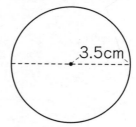

2 円周の長さが 47.1cm の円の直径は何 cm ですか。ただし，円周率は 3.14 とします。

3 円の内側に対角線の長さが 9 cm の正方形がぴったりと入っています。この円の円周の長さは何 cm ですか。ただし，円周率は 3.14 とします。

4 タイヤの直径が 80 cm のトラックがあります。このタイヤが 5 回転すると，トラックは何 cm 進みますか。ただし，円周率は 3.14 とします。

5 次の図のまわりの長さを求めなさい。ただし，円周率は 3.14 とします。

(1)

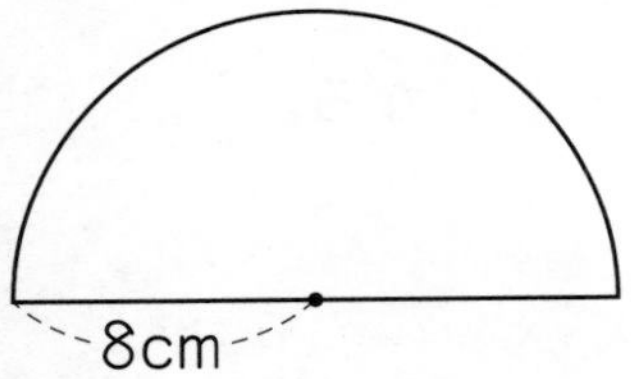

8cm

(2)

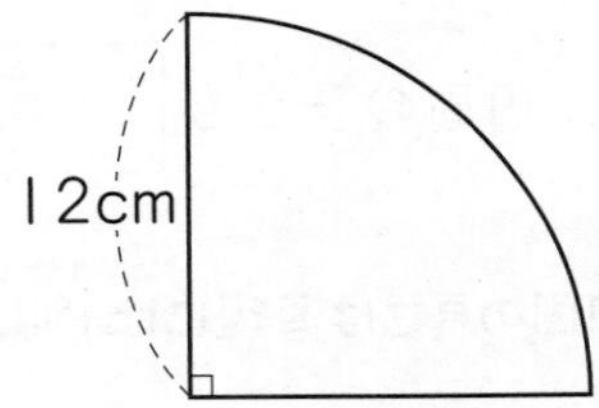

12cm

6 次の図で色のついた部分のまわりの長さを求めなさい。ただし，円周率は 3.14 とします。

(1)

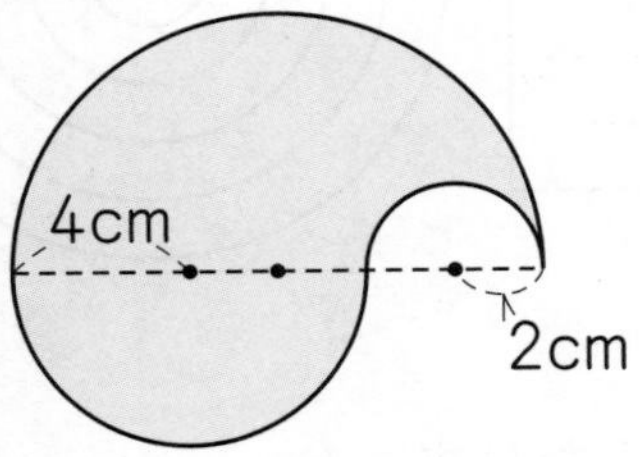

4cm
2cm

(2)

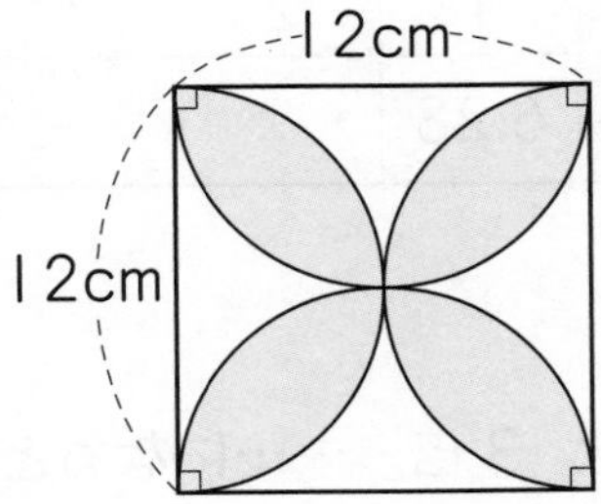

12cm
12cm

➡ 解答は 75 ページ

20日 円と正多角形 (3)

(1) 円の直径が 1 cm，2 cm，3 cm，……と変わると，円周の長さはそれぞれ何 cm になりますか。次の表を完成させなさい。ただし，円周率（えんしゅうりつ）は 3.14 とします。

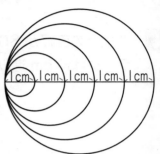

直径(cm)	1	2	3	4	5	…
円周(cm)	3.14	6.28	㋐	㋑	㋒	…

1cm 1cm 1cm 1cm 1cm

㋐は □① × 3.14 = □② (cm)

㋑は □③ × 3.14 = □④ (cm)

㋒は □⑤ × 3.14 = □⑥ (cm)

(2) 直径が 2 倍，3 倍，……になると，円周の長さはどうなりますか。

上の表から，円周の長さも □⑦ 倍，□⑧ 倍，……になる。

ポイント 円周の長さは直径に比例（ひれい）します。

---

1 次の問いに答えなさい。ただし，円周率は 3.14 とします。

(1) 円の半径が 1 cm，2 cm，3 cm，……と変わると，円周の長さはそれぞれ何 cm になりますか。次の表を完成させなさい。

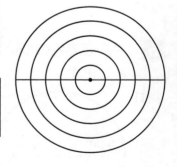

半径(cm)	1	2	3	4	5	…
円周(cm)	6.28					…

(2) 半径が 2 倍，3 倍，……になると，円周の長さはどうなりますか。

2 次の問いに，それぞれの円の円周の長さを求めないで答えなさい。

(1) 直径 12 cm の円の円周の長さは，直径 5cm の円の円周の長さの何倍ですか。

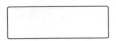

(2) 半径 4 cm の円があります。半径の長さを 5 倍にした円の円周の長さは，もとの円周の長さの何倍ですか。

3 右の図について，次の問いに答えなさい。ただし，円周率は 3.14 とします。

(1) 色のついた部分のまわりの長さは，内側の円の円周の長さの何倍ですか。

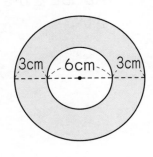

(2) 色のついた部分のまわりの長さを求めなさい。

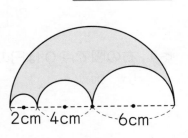

4 右の図の色のついた部分のまわりの長さを求めなさい。ただし，円周率は 3.14 とします。

21日 まとめテスト (4)

① 右の図のような三角形 OAB を点 O のまわりにすきまなくならべ
てできる正多角形は何ですか。(10点)

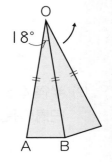

② 次の問いに答えなさい。(5点×4 − 20点)

(1) 右の図のように，円 O の円周を 5 等分して正五角形
ABCDE をかきました。⑦と④の角の大きさを求めな
さい。

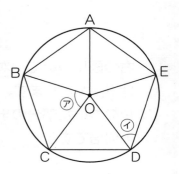

⑦ [　　　　]，④ [　　　　]

(2) 右の図の正五角形 ABCDE の内部に正三角形 FCD が
あります。⑦と④の角の大きさを求めなさい。

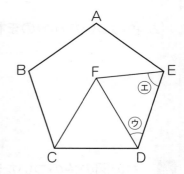

⑦ [　　　　]，⑤ [　　　　]

③ 右の図で点 O は円の中心です。⑦の角の大きさを求めなさ
い。(10点)

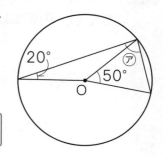

[　　　　]

4 次の問いに答えなさい。ただし，円周率は 3.14 とします。(10点×2－20点)

(1) 円周の長さが 150.72 cm の円の半径は何 cm ですか。

(2) たて 7 cm，横 8.7 cm の長方形があります。この長方形のまわりの長さと同じ円周の円があります。円の半径は何 cm ですか。

5 次の図の色のついた部分のまわりの長さを求めなさい。ただし，円周率は 3.14 とします。(10点×4－40点)

(1)

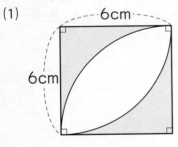

(2)

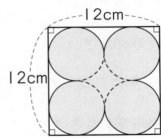

(3)

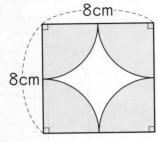

(4)

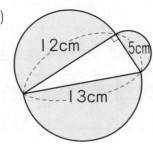

22日 角柱と円柱（1）

次の⑦，⑦の角柱について，下の問いに答えなさい。

⑦
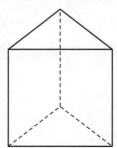

⑦
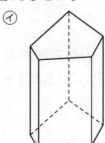

(1) ⑦，⑦の名前を答えなさい。

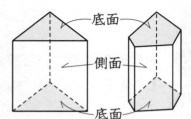

⑦は底面の形が三角形なので，　①

⑦は底面の形が五角形なので，　②

(2) ⑦の面の数を求めなさい。

底面が 2 つ，側面が 3 つあるので，全部で ③

(3) ⑦の頂点の数を求めなさい。

上の面に 5 つ，下の面に 5 つあるので，全部で ④

ポイント 角柱において，平行で合同な 2 つの面を底面といい，まわりの四角形の面を側面といいます。

---

1 右の角柱について，次の表を完成させなさい。

角柱の名前	面の数	頂点の数	辺の数

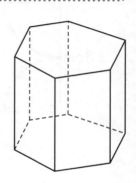

2 右の角柱について，次の問いに答えなさい。

(1) この角柱の名前を答えなさい。

(2) 面 ABCD と平行な面はどれですか。

(3) 面 ABCD に垂直な面はどれですか。すべて答えなさい。

(4) 面 EFGH に垂直な辺はどれですか。すべて答えなさい。

(5) この立体の高さは，どの辺の長さを測ればわかりますか。すべて答えなさい。

3 右の角柱について，次の問いに答えなさい。

(1) この角柱の名前を答えなさい。

(2) 面 ABC と平行な面，垂直な面はどれですか。すべて答えなさい。

平行な面

垂直な面

(3) この角柱の高さは，どの辺の長さを測ればわかりますか。すべて答えなさい。

23日 角柱と円柱 (2)

次の図 1 はある立体の見取図で, 図 2 はその展開図です。円周率は 3.14 とします。

(図 1)

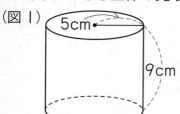

(図 2)

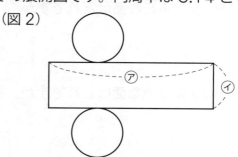

(1) この立体の名前を答えなさい。

底面の形が円なので, ① [　　　　　　]

(2) 図 2 の⑦と⑦の長さを求めなさい。

⑦は底面の円周の長さと等しくなります。

底面の半径は 5 cm なので, $5 \times 2 \times 3.14 =$ ② [　　　　　] (cm)

⑦は円柱の高さなので, ③ [　　　] cm

ポイント　円柱の側面は曲面ですが, 展開図では長方形になります。図 2 のようにかいたとき, この長方形の横の長さは, 底面の円周の長さに等しくなります。

1　右の図 1 は円柱の見取図で, 図 2 はその展開図です。次の問いに答えなさい。ただし, 円周率は 3.14 とします。

(1) この円柱の高さは何 cm ですか。

[　　　　　　]

(図 1)　(図 2)

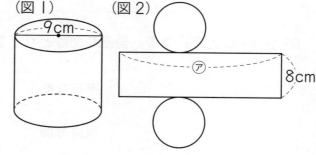

(2) 図 2 の⑦の長さを求めなさい。

[　　　　　　]

2 次の角柱と円柱の見取図を完成させなさい。

(1) 角柱

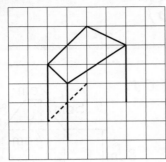

(2) 円柱

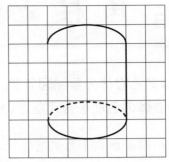

3 次の立体の展開図を完成させなさい。

(1)

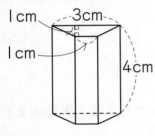

1cm 3cm
1cm
4cm

1cm
1cm

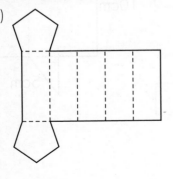

(2)

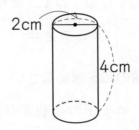

2cm
4cm

1cm
1cm

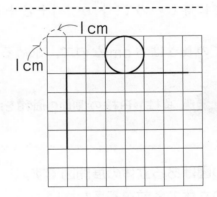

4 次の展開図を組み立てたとき，できる立体の名前を答えなさい。

(1)

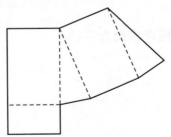

(2)

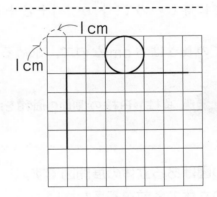

24日　角柱と円柱（3）

右の図はある立体の展開図です。また，面⑦は台形です。

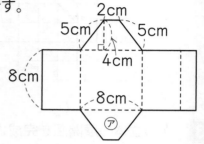

(1) この立体の名前を答えなさい。

　底面の形が四角形なので，①□

(2) 底面の面積を求めなさい。

　底面は面⑦で台形なので，面積は，

$(2 + ②\boxed{}) \times 4 \div 2 = ③\boxed{} \times 4 \div 2 = ④\boxed{} \div 2 = ⑤\boxed{}$ （cm²）

(3) 側面の面積の和を求めなさい。

　側面はまとめて 1 つの長方形になります。側面の横の長さは，底面のまわりの

長さに等しいので，⑥□$+ 8 + 5 + 2 = ⑦\boxed{}$ （cm）

　たての長さは 8 cm なので，求める面積は，$8 \times ⑦\boxed{} = ⑧\boxed{}$ （cm²）

ポイント 角柱や円柱の側面の面積を求めるときは，まず底面のまわりの長さを考えます。

1 右の図はある立体の展開図です。

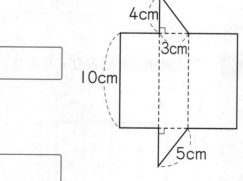

(1) この立体の名前を答えなさい。

(2) 底面の面積を求めなさい。

(3) 側面の面積の和を求めなさい。

2 右の角柱について，次の問いに答えなさい。

(1) この角柱の名前を答えなさい。

(2) この角柱の底面の面積を求めなさい。

(3) この角柱の側面の面積の和を求めなさい。

3 右の円柱について，次の問いに答えなさい。ただし，円周率は 3.14 とします。

(1) 展開図にしたときの側面のまわりの長さを求めなさい。

(2) 側面の面積を求めなさい。

4 右の図のような立体の展開図について，次の問いに答えなさい。ただし，円周率は 3.14 とします。

(1) この立体の底面の円周の長さを求めなさい。

(2) この立体の側面の面積を求めなさい。

49

25日 まとめテスト (5)

1 右の角柱について，次の問いに答えなさい。(7点×4－28点)

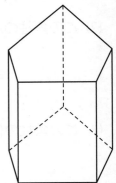

(1) この角柱の名前を答えなさい。

(2) 頂点の数を求めなさい。

(3) 辺の数を求めなさい。

(4) 面の数を求めなさい。

2 右の展開図を組み立ててできる立体について，次の問いに答えなさい。(7点×3－21点)

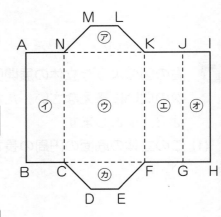

(1) この立体の名前を答えなさい。

(2) 辺 AB と重なる辺を答えなさい。

(3) 辺 KF と垂直になる面を㋐～㋕の中からすべて答えなさい。

50

③ 次の立体の展開図を完成させなさい。(11点)

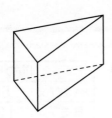

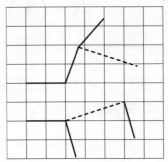

④ 右の図は円柱の展開図です。これについて，次の問いに答えなさい。ただし，円周率は 3.14 とします。

(10点×2－20点)

(1) 底面の円周の長さを求めなさい。

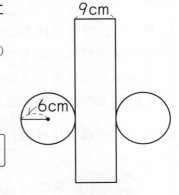

(2) 側面の面積を求めなさい。

⑤ 右の角柱について，次の問いに答えなさい。

(10点×2－20点)

(1) 底面の面積を求めなさい。

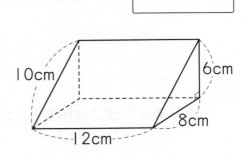

(2) 側面の面積の和を求めなさい。

26日 速　さ（1）

Aさんは10秒で50m，Bさんは20秒で120m
走ります。どちらの方が速いですか。

	道のり(m)	時間(秒)
Aさん	50	10
Bさん	120	20

それぞれ1秒間に何mずつ走ったかを考えます。

Aさん…50 ÷ 10 = [①　　　] (m)　　　Bさん…120 ÷ 20 = [②　　　] (m)

よって，速いのは [③　　　] です。

速さは，単位時間あたりに進む道のりで表します。

1秒あたりに進む道のりで表した速さ　…秒速

1分あたりに進む道のりで表した速さ　…分速

1時間あたりに進む道のりで表した速さ…時速

Aさんの速さは秒速 [①　　　] m，Bさんの速さは秒速 [②　　　] m と表せます。

ポイント 速さ ＝ 道のり ÷ 時間

1 2時間で24km走った自転車Aと3時間で45km走った自転車Bがあります。

(1) 自転車Aの速さは時速何kmですか。

[　　　　　　　　]

(2) 自転車Bの速さは時速何kmですか。

[　　　　　　　　]

(3) 同じ場所を同時に出発したとき，先に10kmの地点を通過するのはどちらですか。

[　　　　　　　　]

2 次の問いに答えなさい。

(1) 2000 m の道のりを 40 分かけて歩いたときの速さは分速何 m ですか。

(2) 3 時間で 630 km 進む新幹線の速さは時速何 km ですか。

(3) 80 m を 10 秒で走る人の速さは秒速何 m ですか。

3 けいすけさんは 50 秒で 300 m 走り，たくやさんは 1 分で 348 m 走ります。

(1) たくやさんの速さは秒速何 m ですか。

1 分 ＝60 秒だよ。

(2) けいすけさんとたくやさんはどちらの方が速いですか。

27日 速　さ (2)

ダチョウはおよそ秒速 20 m で走ることができます。

(1) ダチョウは 10 秒で何 m 進みますか。

　　秒速 20 m とは，1 秒で 20 m 進むという意味です。

　　10 秒では，$\boxed{①}$ × $\boxed{②}$ = $\boxed{③}$ (m) 進みます。
　　　　　　　↑速さ　　　↑時間

(2) 1 分では何 m 走りますか。

　　1 分は 60 秒だから，$\boxed{①}$ × $\boxed{④}$ = $\boxed{⑤}$ (m) 進みます。

ポイント　道のり ＝ 速さ × 時間

---

1 次の問いに答えなさい。

(1) 時速 250 km の新幹線は 2 時間で何 km 進みますか。

$\boxed{}$

(2) 秒速 10 m で走る陸上選手は 12 秒で何 m 進みますか。

$\boxed{}$

(3) 分速 180 m で走る自転車は 25 分で何 m 進みますか。

$\boxed{}$

2 次の問いに答えなさい。

(1) 分速 600 m で走るバスは 1.5 分で何 m 進みますか。

[   ]

(2) 時速 60 km で走る自動車は 2 時間 15 分で何 km 進みますか。

15分は，
(15÷60)時間だよ。

[   ]

(3) 秒速 32 m で走るチーターは 50 秒で何 km 進みますか。

[   ]

3 次の問いに答えなさい。

(1) 秒速 2 m で歩く人は 2 分で何 m 進みますか。

[   ]

(2) 分速 4 km のレーシングカーは 2 時間 20 分で何 km 進みますか。

[   ]

28日 速　さ（3）

リニアモーターカーはおよそ分速 9 km で走ります。
東京から大阪までの道のりが 540 km あるとすると，リニア
モーターカーで東京から大阪まで移動するのに何分かかります
か。また，それは何時間ですか。

分速 9 km は 1 分間に 9 km 進むという意味なので，540 km 進むのにかかる時

間は，①[　　　　] ÷ ②[　　　] = ③[　　　]（分）

また，③[　　　] 分 = ④[　　　] 時間です。

ポイント　時間 ＝ 道のり ÷ 速さ

---

1 次の問いに答えなさい。

(1) 秒速 15 m で走る自動車が 1200 m 進むのに何秒かかりますか。

[　　　　　　]

(2) 時速 15 km で走るマラソンランナーが 30 km 進むのに何時間かかりますか。

[　　　　　　]

(3) 分速 1.5 km で走る電車が 9 km を進むのに何分かかりますか。

[　　　　　　]

2　次の問いに答えなさい。

(1) 分速 200 m で走る自転車が 1500 m 進むのに何分何秒かかりますか。

（解答欄）

(2) 時速 24 km で走るスクーターが 30 km 進むのに何時間何分かかりますか。

（解答欄）

3　次の問いに答えなさい。

(1) 音が空気中を秒速 340 m で伝わるとき，1.7 km はなれた場所に音が伝わるのに何秒かかりますか。

（解答欄）

(2) レーシングカーが分速 3600 m で，1 周 4.2 km のコースを 3 周するのに何分何秒かかりますか。

（解答欄）

4　みほさんは 6 km あるハイキングコースを，行きは分速 80 m で，帰りは分速 60 m で歩きました。往復で何時間何分かかりましたか。

（解答欄）

29日 速　さ (4)

音が空気中を伝わる速さはおよそ秒速 340 m です。音は 1 分間に何 km 進みますか。また, 1 時間に何 km 進みますか。

1 分は 60 秒だから, 1 分間に進む道のり (分速)は,

$340 \times 60 =$ ①[　　　　　] (m) より, ②[　　　　] km

1 時間は 60 分だから 1 時間に進む道のり (時速)は,

②[　　　　] $\times 60 =$ ③[　　　　] (km)

だから, 秒速 340m ＝ 分速 ②[　　　　] km ＝ 時速 ③[　　　　] km

ポイント　秒速 $\underset{\div 60}{\overset{\times 60}{\longleftrightarrow}}$ 分速 $\underset{\div 60}{\overset{\times 60}{\longleftrightarrow}}$ 時速

1 次の問いに答えなさい。

(1) 秒速 5 m は分速何 m ですか。

[　　　　　　　　]

(2) 時速 42 km は分速何 m ですか。

[　　　　　　　　]

(3) 分速 360 m は秒速何 m ですか。

[　　　　　　　　]

(4) 分速1500mは時速何kmですか。

[   ]

(5) 秒速10mは時速何kmですか。

まず，秒速を
分速になおそう。

[   ]

(6) 時速72kmは秒速何mですか。

[   ]

2 ひろきさんは時速12kmで，自転車に乗って往復4500mのサイクリングに出かけました。

(1) 時速12kmは分速何mですか。

[   ]

(2) ひろきさんは往復で何分何秒かかりましたか。

[   ]

➡解答は 79 ページ

月　　　日

時間 **20分**
【はやい15分・おそい25分】

得点

合格 **80点**

点

① 次の問いに答えなさい。(10点×5 − 50点)

(1) 120 km を 1 時間 30 分で走る電車は時速何 km ですか。

(2) 秒速 12 m で走る自転車は 240 m 走るのに何秒かかりますか。

(3) 分速 1.2 km の自動車は 2 時間で何 km 走りますか。

(4) 時速 90 km で飛ぶ鳥は 3 分で何 m 飛びますか。

(5) 秒速 240 m で飛ぶ飛行機は 600 km 飛ぶのに何分何秒かかりますか。

② みほさんはじたくからおばあさんの家まで，お父さんが運転する自動車で行きました。行きは時速 60 km，帰りは時速 40 km で走りました。みほさんのじたくからおばあさんの家までの道のりは 240 km です。往復にかかった時間は何時間ですか。

(10点)

③ 秒速 30 m で走るチーターと，時速 100 km で走る自動車はどちらの方が速いですか。(10点)

④ 花火が打ち上げられたのを見てから 4 秒後に花火の音が聞こえました。音が空気中を伝わる速さは秒速 340 m とすると，花火は何 m はなれたところで打ち上げられたといえるでしょうか。(10点)

⑤ 電車がある地点を通過するのに 6 秒かかりました。電車の長さは 120 m として次の問いに答えなさい。(10点×2ー20点)

(1) 電車の速さは秒速何 m ですか。

(2) 電車の分速は何 m ですか。

進級テスト

点

① テープが $1\frac{2}{5}$ m あります。$\frac{5}{6}$ m 使うと，残りは何 m になりますか。(6点)

② A のびんには $2\frac{1}{4}$ kg，B のびんには 3.65 kg，牛にゅうが入っています。2つのびんの牛にゅうの合計は何 kg になりますか。(6点)

③ 次の図形の面積を求めなさい。(5点×4 − 20点)

(1) 平行四辺形

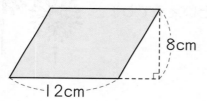

(2) 三角形

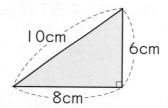

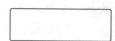

(3) 台形

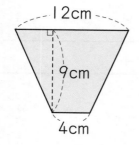

(4) ひし形

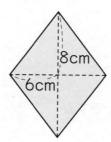

62

4 次の図で色のついた部分の面積を求めなさい。(5点×2 − 10点)

(1)

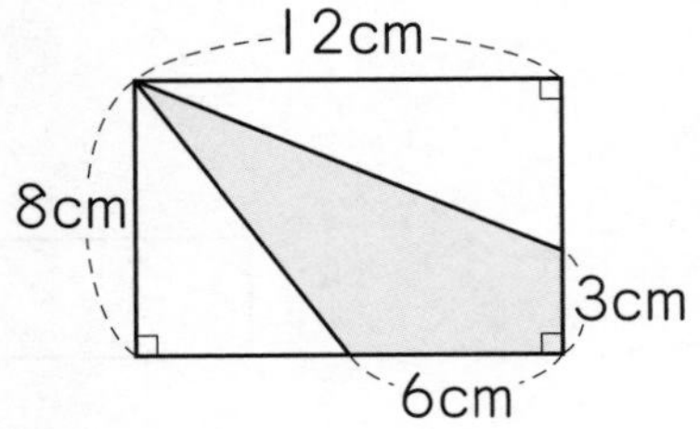

(2)

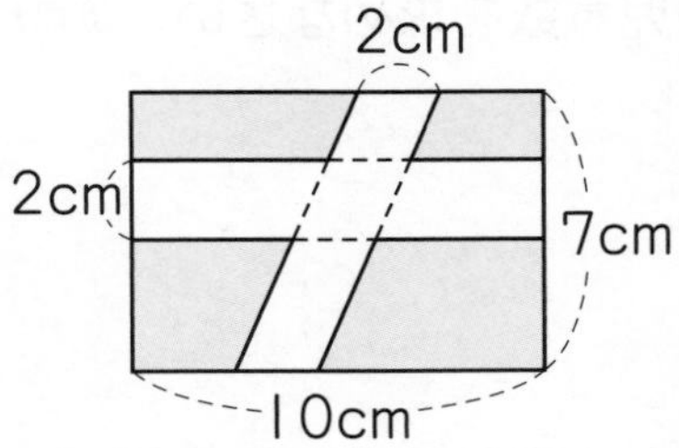

（解答欄）

（解答欄）

5 40題の計算問題があります。(5点×2 − 10点)

(1) 34題正解したとき，正解した割合を百分率で答えなさい。

（解答欄）

(2) 2題まちがえたとき，まちがえた割合を歩合で答えなさい。

（解答欄）

6 250人がパーティーに出席する予定でしたが，8％の人が欠席しました。欠席した人は何人ですか。(6点)

（解答欄）

7 2000円持って買い物に行きました。ショートケーキをいくつか買ったところ，所持金の18％が残りました。ショートケーキの代金の合計は何円ですか。(6点)

（解答欄）

8 けんじさんの小学校の今年の児童数は 901 人で, 去年より 6 ％ 増えています。去年の児童数を求めなさい。(6点)

9 円の中心のまわりの角を 40° ずつに区切っていく方法でかくことができるのは正何角形ですか。(6点)

10 右の図の色のついた部分のまわりの長さを求めなさい。ただし, 円周率は 3.14 とします。(6点)

4cm　6cm
2cm

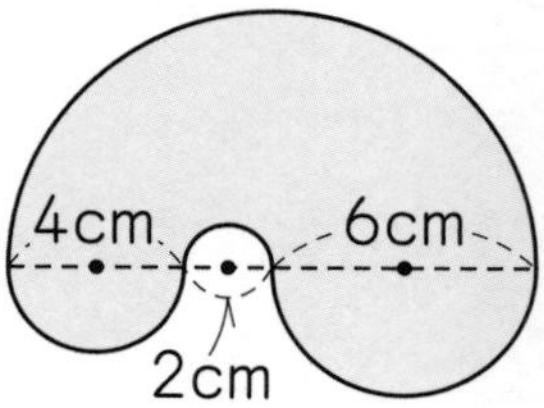

11 右の図のような円柱があります。底面の円の半径は 4 cm です。展開図にしたときの側面のまわりの長さを求めなさい。ただし, 円周率は 3.14 とします。(6点)

4cm
9cm

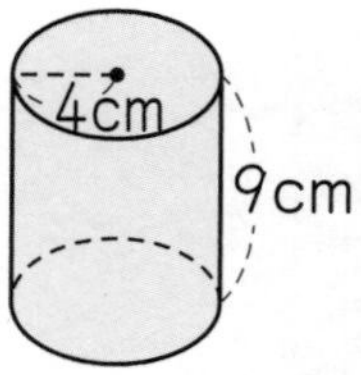

12 次の問いに答えなさい。(6点×2－12点)
(1) 20 分で 1700 m 歩く人の速さは分速何 m ですか。

(2) 時速 12 km の自転車では 30 km 走るのに何時間何分かかりますか。

●1日 2～3ページ

①2　②8　③4　④1　⑤0.25

1　$\dfrac{6}{5}$ kg$\left(1\dfrac{1}{5}$ kg$\right)$

2　$\dfrac{1}{4}$ 倍

3　分数…$\dfrac{8}{5}$ 倍$\left(1\dfrac{3}{5}$ 倍$\right)$, 小数…1.6 倍

4　(1)$\dfrac{4}{5}$ 時間　(2)$\dfrac{6}{5}$ 時間$\left(1\dfrac{1}{5}$ 時間$\right)$

5　(1)$\dfrac{1}{4}$ kg　(2)牛肉の方が $\dfrac{1}{2}$ kg 重い。

解き方

1　$6 \div 5 = \dfrac{6}{5}$ (kg)

2　$15 \div 60 = \dfrac{\overset{1}{15}}{\underset{4}{60}} = \dfrac{1}{4}$ (倍)

> **チェックポイント**　$\dfrac{1}{4}$ 倍のように, 何倍かを表すときにも, 分数を用いることがあります。

3　$8 \div 5 = \dfrac{8}{5}$ (倍), $8 \div 5 = 1.6$ (倍)

4　(1)小数第一位までの数は, 分母が10の分数にして計算します。約分できるときは, 必ず約分した分数で答えます。

$0.8 = \dfrac{\overset{4}{8}}{\underset{5}{10}} = \dfrac{4}{5}$ (時間)

(2)$\dfrac{2}{5} + \dfrac{4}{5} = \dfrac{6}{5}$ (時間)

5　(1)小数第二位までの数は, 分母が100の分数にして計算します。

$0.25 = \dfrac{\overset{1}{25}}{\underset{4}{100}} = \dfrac{1}{4}$ (kg)

> **チェックポイント**　約分は, 分母・分子ができるだけ小さな整数になるまでしましょう。

(2)牛肉の方が重いので, 牛肉の重さからとり肉の重さをひいて求めます。

$\dfrac{3}{4} - \dfrac{1}{4} = \dfrac{\overset{1}{2}}{\underset{2}{4}} = \dfrac{1}{2}$ (kg)

●2日 4～5ページ

①3　②$\dfrac{11}{12}$　③$\dfrac{1}{4}$　④$\dfrac{5}{12}$

1　$\dfrac{19}{15}$ 時間$\left(1\dfrac{4}{15}$ 時間$\right)$

2　$\dfrac{13}{30}$ L

3　$\dfrac{7}{6}$ kg$\left(1\dfrac{1}{6}$ kg$\right)$

4　(1)$\dfrac{33}{35}$ kg　(2)$\dfrac{7}{15}$ kg

5　$\dfrac{4}{3}$ kg$\left(1\dfrac{1}{3}$ kg$\right)$

6　$\dfrac{17}{18}$ L

7　$\dfrac{43}{150}$ m

解き方

1　分母のちがう分数のたし算は, 通分してから計算します。

$\dfrac{3}{5} + \dfrac{2}{3} = \dfrac{9}{15} + \dfrac{10}{15} = \dfrac{19}{15}$ (時間)

2　分母のちがう分数のひき算は, 通分してから計算します。

$\dfrac{5}{6} - \dfrac{2}{5} = \dfrac{25}{30} - \dfrac{12}{30} = \dfrac{13}{30}$ (L)

3　$\dfrac{3}{4} + \dfrac{5}{12} = \dfrac{9}{12} + \dfrac{5}{12} = \dfrac{\overset{7}{14}}{\underset{6}{12}} = \dfrac{7}{6}$ (kg)

4　(1)$\dfrac{9}{14} + \dfrac{3}{10} = \dfrac{45}{70} + \dfrac{21}{70} = \dfrac{\overset{33}{66}}{\underset{35}{70}} = \dfrac{33}{35}$ (kg)

(2)$\dfrac{33}{35} - \dfrac{10}{21} = \dfrac{99}{105} - \dfrac{50}{105} = \dfrac{\overset{7}{49}}{\underset{15}{105}} = \dfrac{7}{15}$ (kg)

5　分母が2と3と6なので, これらの最小公倍数の6が分母となるように通分します。答え

が約分できるときは必ず約分します。

$$\frac{1}{2}+\frac{2}{3}+\frac{1}{6}=\frac{3}{6}+\frac{4}{6}+\frac{1}{6}=\frac{\overset{4}{\cancel{8}}}{\underset{3}{\cancel{6}}}=\frac{4}{3}(kg)$$

6 $\dfrac{4}{9}-\dfrac{1}{3}+\dfrac{5}{6}=\dfrac{8}{18}-\dfrac{6}{18}+\dfrac{15}{18}=\dfrac{17}{18}$ (L)

7 $\dfrac{13}{15}-\dfrac{12}{25}-\dfrac{1}{10}=\dfrac{130}{150}-\dfrac{72}{150}-\dfrac{15}{150}$

$=\dfrac{43}{150}$ (m)

●3日 6〜7ページ

①2 ②$\dfrac{3}{4}$ ③$\dfrac{15}{20}$ ④$\dfrac{12}{20}$ ⑤$\dfrac{3}{20}$

1 $2\dfrac{7}{15}$ L

2 $\dfrac{4}{15}$ m

3 $2\dfrac{7}{30}$ km

4 $1\dfrac{39}{40}$ L

5 $5\dfrac{7}{12}$ m

6 $5\dfrac{1}{12}$ km

7 $1\dfrac{13}{30}$ m²

|解き方|

1 帯分数のたし算は，整数部分と分数部分に分けて計算します。

$$1\dfrac{3}{10}+1\dfrac{1}{6}=1\dfrac{9}{30}+1\dfrac{5}{30}=2\dfrac{\overset{7}{\cancel{14}}}{\underset{15}{\cancel{30}}}=2\dfrac{7}{15}(L)$$

2 けいたさんの身長の方が高いです。

$$1\dfrac{2}{3}-1\dfrac{2}{5}=1\dfrac{10}{15}-1\dfrac{6}{15}=\dfrac{4}{15}(m)$$

3 $1\dfrac{2}{5}+\dfrac{5}{6}=1\dfrac{12}{30}+\dfrac{25}{30}=1\dfrac{37}{30}=2\dfrac{7}{30}$ (km)

◀チェックポイント▶ 答えが $1\dfrac{37}{30}$ のような分数のときは，分数部分が真分数になるように帯分数になおしましょう。

4 分数部分のひき算ができないときは，ひかれる数の整数部分から1くり下げて計算します。

$$3\dfrac{3}{8}-1\dfrac{2}{5}=3\dfrac{15}{40}-1\dfrac{16}{40}=2\dfrac{55}{40}-1\dfrac{16}{40}$$

$$=1\dfrac{39}{40}(L)$$

◀チェックポイント▶ 整数部分は整数部分だけでひき算をし，分数部分は分子のひき算がきちんとできていることを確認します。

5 10から1くり下げて $9\dfrac{12}{12}$ として計算します。

$$10-4\dfrac{5}{12}=9\dfrac{12}{12}-4\dfrac{5}{12}=5\dfrac{7}{12}(m)$$

6 分母を12で通分してから，整数部分どうし，分数部分どうしのたし算をします。答えを帯分数になおします。

$$1\dfrac{1}{6}+2\dfrac{1}{4}+1\dfrac{2}{3}=1\dfrac{2}{12}+2\dfrac{3}{12}+1\dfrac{8}{12}=4\dfrac{13}{12}$$

$$=5\dfrac{1}{12}(km)$$

7 分数部分のひき算ができないときは，ひかれる数の整数部分から1くり下げて計算します。

$$5\dfrac{2}{3}-1\dfrac{2}{5}-2\dfrac{5}{6}=5\dfrac{20}{30}-1\dfrac{12}{30}-2\dfrac{25}{30}$$

$$=4\dfrac{50}{30}-1\dfrac{12}{30}-2\dfrac{25}{30}=1\dfrac{13}{30}(m^2)$$

●4日 8〜9ページ

①4 ②20 ③28 ④48 ⑤$\dfrac{24}{35}$ ⑥1.1

⑦7 ⑧$\dfrac{57}{70}$

1 $3\dfrac{11}{30}$ dL

2 メロンジュースの方が $0.15\left(\dfrac{3}{20}\right)$ L 多い。

3 $4\dfrac{9}{14}$ L

4 $\dfrac{11}{100}$ dL $(0.11$ dL$)$

5 $7\dfrac{1}{4}$ kg $(7.25$ kg$)$

6 $3\dfrac{4}{7}$ L

7 $1\dfrac{14}{15}$ 時間

|解き方|

1 小数を分数にそろえて計算します。

$$1.7+1\frac{2}{3}=1\frac{7}{10}+1\frac{2}{3}=1\frac{21}{30}+1\frac{20}{30}$$

$$=2\frac{41}{30}=3\frac{11}{30}\,(dL)$$

2 $\frac{3}{5}$ L=0.6L より，メロンジュースの方が多いです。

$$0.75-\frac{3}{5}=0.75-0.6=0.15\,(L)$$

別解 小数を分数にそろえて，

$$0.75-\frac{3}{5}=\frac{3}{4}-\frac{3}{5}=\frac{15}{20}-\frac{12}{20}=\frac{3}{20}\,(L)$$

◀チェックポイント▶ 小数と分数の混じった計算は，分数にそろえるといつでも計算できますが，小数にそろえた方が楽に計算できるときもあります。$\frac{1}{2}=0.5$, $\frac{1}{4}=0.25$, $\frac{3}{4}=0.75$, $\frac{1}{5}=0.2$, …などは，覚えておくと便利です。

3 $2\frac{4}{7}+1\frac{23}{28}+0.25=2\frac{16}{28}+1\frac{23}{28}+\frac{7}{28}$

$$=3\frac{46}{28}=4\frac{18}{28}=4\frac{9}{14}\,(L)$$

4 $0.3-\frac{2}{25}-0.11=\frac{30}{100}-\frac{8}{100}-\frac{11}{100}$

$$=\frac{11}{100}\,(dL)$$

別解 分数を小数にそろえて，

$$0.3-\frac{2}{25}-0.11=0.3-0.08-0.11$$
$$=0.11\,(dL)$$

5 $3\frac{4}{5}+2.75+\frac{7}{10}=3\frac{4}{5}+2\frac{3}{4}+\frac{7}{10}$

$$=3\frac{16}{20}+2\frac{15}{20}+\frac{14}{20}=5\frac{45}{20}=7\frac{5}{20}=7\frac{1}{4}\,(kg)$$

別解 分数を小数にそろえて，

$$3\frac{4}{5}+2.75+\frac{7}{10}=3.8+2.75+0.7$$
$$=7.25\,(kg)$$

6 $1.5+3\frac{3}{14}-1\frac{1}{7}=1\frac{7}{14}+3\frac{3}{14}-1\frac{2}{14}$

$$=3\frac{8}{14}=3\frac{4}{7}\,(L)$$

7 $4-0.9-1\frac{1}{6}=4-\frac{9}{10}-1\frac{1}{6}$

$$=2\frac{60}{30}-\frac{27}{30}-1\frac{5}{30}=1\frac{28}{30}=1\frac{14}{15}\,(時間)$$

別解 $4-0.9=3.1\,(時間)$

$$3.1-1\frac{1}{6}=2\frac{33}{30}-1\frac{5}{30}=1\frac{14}{15}\,(時間)$$

●5日 10～11ページ

① (1)$\frac{8}{9}$ L (2)分数…$\frac{5}{8}$倍，小数…0.625倍

② $\frac{17}{20}$, $\frac{8}{9}$, 0.89

③ $\frac{31}{36}$ m

④ $\frac{8}{21}$ t

⑤ $3\frac{1}{12}$ km

⑥ $1\frac{17}{35}$ a

⑦ (1)$4\frac{7}{30}$ km (2)$\frac{9}{10}$ km (0.9km) (3)$6\frac{13}{30}$ km

解き方

① (1)$16\div18=\frac{16}{18}=\frac{8}{9}\,(L)$

(2)$10\div16=\frac{10}{16}=\frac{5}{8}\,(倍)$

$10\div16=0.625\,(倍)$

② 分数を小数で表して比べます。

$\frac{17}{20}=17\div20=0.85$

$\frac{8}{9}=8\div9=0.888\cdots$

③ $\frac{7}{12}+\frac{5}{18}=\frac{21}{36}+\frac{10}{36}=\frac{31}{36}\,(m)$

④ ウマの体重の方が重いです。

$\frac{2}{3}-\frac{2}{7}=\frac{14}{21}-\frac{6}{21}=\frac{8}{21}\,(t)$

⑤ $2\frac{1}{3}+\frac{3}{4}=2\frac{4}{12}+\frac{9}{12}=2\frac{13}{12}=3\frac{1}{12}\,(km)$

⑥ $4\frac{2}{7}-2\frac{4}{5}=4\frac{10}{35}-2\frac{28}{35}=3\frac{45}{35}-2\frac{28}{35}$

$$=1\frac{17}{35}\,(a)$$

❼ (1)$1\frac{5}{6}+2.4=1\frac{5}{6}+2\frac{4}{10}=1\frac{25}{30}+2\frac{12}{30}$

$=3\frac{37}{30}=4\frac{7}{30}$(km)

(2)$2.4-1\frac{1}{2}=2\frac{4}{10}-1\frac{5}{10}=1\frac{14}{10}-1\frac{5}{10}$

$=\frac{9}{10}$(km)

別解 分数を小数にそろえて,

$2.4-1\frac{1}{2}=2.4-1.5=0.9$(km)

(3)3100 m=3.1 km

$1\frac{5}{6}+1\frac{1}{2}+3.1=1\frac{5}{6}+1\frac{1}{2}+3\frac{1}{10}$

$=1\frac{25}{30}+1\frac{15}{30}+3\frac{3}{30}=5\frac{43}{30}=6\frac{13}{30}$(km)

● 6日 12 〜 13 ページ

①9 ②63 ③7 ④70

1 (1)96 cm² (2)72 cm²

(3)42 cm² (4)48 cm²

2 22 cm²

3 15 cm

4 3.5 cm

5 (1)88 cm² (2)120 cm²

解 き 方

1 平行四辺形の面積は 底辺×高さ で求めます。

(1)12×8=96(cm²)

(2)8×9=72(cm²)

(3)7×6=42(cm²)

(4)6×8=48(cm²)

2 5.5×4=22(cm²)

3 平行四辺形の面積と底辺がわかっているときは,平行四辺形の高さ=面積÷底辺 で求めることができます。120÷8=15(cm)

4 平行四辺形の面積と高さがわかっているときは,平行四辺形の底辺=面積÷高さ で求めることができます。21÷6=3.5(cm)

5 底辺と高さは垂直なので,長さがわかっている垂直な2直線を見つけます。また,底辺は平行四辺形の1つの辺です。

(1)11×8=88(cm²)

(2)10×12=120(cm²)

◀ チェックポイント ▶ 底辺と高さは垂直です。面積を求めるために必要のない長さにまどわされずに,底辺と高さをきちんと見つけます。

(1)では,10cm の辺を底辺とすると高さがわかりません。(2)では,13cm の辺を底辺とすると高さがわかりません。また,5cm の部分は底辺でも高さでもありません。

● 7日 14 〜 15 ページ

①6 ②12 ③4 ④10

1 (1)24 cm² (2)15 cm²

(3)54 cm² (4)30 cm²

2 7.35 cm²

3 4 cm

4 3.75 cm

5 (1)4 cm² (2)120 cm²

解 き 方

1 底辺と高さは垂直なので,長さがわかっている垂直な2直線を見つけましょう。三角形の面積は 底辺×高さ÷2 で求めます。

(1)8×6÷2=48÷2=24(cm²)

(2)5×6÷2=30÷2=15(cm²)

(3)9×12÷2=108÷2=54(cm²)

(4)5×12÷2=60÷2=30(cm²)

2 3.5×4.2÷2=14.7÷2=7.35(cm²)

3 三角形の面積と高さがわかっているときは,底辺=面積×2÷高さ で求めることができます。

18×2÷9=36÷9=4(cm)

4 三角形の面積と底辺がわかっているときは,高さ=面積×2÷底辺 で求めることができます。

15×2÷8=30÷8=3.75(cm)

◀ チェックポイント ▶ わり切れるときは,わり切れるまでわり算をします。

5 底辺と高さは垂直なので,長さのわかっている垂直な2直線を見つけます。また,三角形の底辺は,三角形の1つの辺です。

(1)2×4÷2=8÷2=4(cm²)

(2)16×15÷2=240÷2=120(cm²)

●8日 16〜17ページ

①3　②4　③16　④5　⑤10

1 (1)36 cm²　(2)24 cm²
　　(3)35 cm²　(4)24 cm²

2 (1)40 cm²　(2)45 cm²

3 (1)32 cm²　(2)42 cm²

4 15 cm

5 6 cm

解き方

1 (1)台形の面積は （上底＋下底）×高さ÷2 で求めます。
　　(4+8)×6÷2=12×6÷2=72÷2=36（cm²）

(2)上底の長さが 3 cm，下底の長さが 5 cm，高さが 6 cm の台形の面積になります。
　　(3+5)×6÷2=8×6÷2=48÷2=24（cm²）

(3)ひし形の面積は 対角線×対角線÷2 で求めます。7×10÷2=70÷2=35（cm²）

(4)たてが 6 cm，横が 8 cm の長方形の半分の面積です。

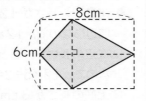

　　6×8÷2=48÷2
　　=24（cm²）

2 (1)(4+6)×8÷2=10×8÷2=80÷2=40（cm²）

(2)9×10÷2=90÷2=45（cm²）

3 (1)正方形は 4 つの辺の長さがみな等しいので，ひし形とみることもできます。よって，正方形の面積もひし形の面積の求め方で求めることができます。8×8÷2=64÷2=32（cm²）

(2)ひし形は向かい合う辺が平行なので，平行四辺形とみることもできます。よって，ひし形の面積も平行四辺形の面積の求め方で求めることができます。底辺が 7 cm，高さが 6 cm の平行四辺形と考えて，7×6=42（cm²）

4 台形では，面積＝（上底＋下底）×高さ÷2 なので，（上底＋下底）=63×2÷6=126÷6=21（cm）
よって，下底の長さは，21−6=15（cm）

5 正方形は対角線の長さが等しいひし形なので，正方形の面積＝対角線×対角線÷2 です。したがって，対角線×対角線=18×2=36
正方形の対角線の長さは等しく，6×6=36 より，対角線の長さは 6 cm です。

●9日 18〜19ページ

①8　②12　③16　④2　⑤3　⑥4

1 (1)1 cm…3.5 cm²，2 cm…7 cm²，
　　　3 cm…10.5 cm²

(2)2 倍，3 倍，……になる。

2 1.5 倍

3 ⑦…14 cm²，⑦…14 cm²

4 16 cm²

解き方

1 (1)1×7÷2=3.5（cm²），2×7÷2=7（cm²），
　　3×7÷2=10.5（cm²）

(2)三角形の高さが等しいとき，底辺と面積は比例の関係にあります。

2 ⑦の三角形と⑦の三角形は底辺の長さが等しいので面積は高さに比例します。⑦の三角形の高さは，⑦の三角形の高さの 5.4÷3.6=1.5（倍）になっているので，面積も 1.5 倍になります。

3 ⑦の三角形は⑦の三角形と比べると底辺の長さが等しく，高さが 2 倍になっているので，面積も 2 倍になります。7×2=14（cm²）
⑦の三角形は⑦の三角形と比べると底辺の長さが 2 倍になっており，高さが等しいので，面積も 2 倍になります。7×2=14（cm²）

4 底辺の長さと高さが⑦の三角形と等しい平行四辺形の面積は，⑦の三角形の面積の 2 倍になります。⑦の平行四辺形は⑦の三角形の高さの 2 倍になっているので，面積は「×2×2」で 4 倍になります。4×4=16（cm²）

① ①14 ②126
1 (1)48 cm² (2)126 cm²
2 (1)36 cm² (2)13.5 cm²
3 6 cm²
4 (1)26 cm² (2)19.5 cm²
　 (3)39 cm² (4)19 cm²

解き方

1 (1)白い部分を上下につめて考えると，底辺が
　 8 cm，高さが 6 cm の平行四辺形になるので，
　 面積は，8×6＝48（cm²）
　 (2)白い部分を上下左右につめて考えると，底辺が
　 18 cm，高さが 7 cm の平行四辺形になるので，
　 面積は，18×7＝126（cm²）

2 (1)底辺が 8 cm の三角形を，2 つあわせた形に
　 なっています。2 つの三角形の高さをあわせる
　 と 9 cm になるので，面積は，
　 8×9÷2＝72÷2＝36（cm²）
　 (2)底辺が 5 cm，高さが 3 cm の三角形と底辺が
　 4 cm，高さが 3 cm の三角形の面積の和にな
　 ります。5×3÷2＋4×3÷2＝15÷2＋12÷2
　 ＝7.5＋6＝13.5（cm²）

> **チェックポイント** 図形全体が台形になっている
> ことがわかれば，台形の面積として求めること
> もできます。
> 上底の長さが 4 cm，下底の長さが 5 cm，高
> さが 3 cm の台形とみると，
> (4＋5)×3÷2＝9×3÷2＝27÷2
> ＝13.5（cm²）

3 右の図で，㋒＋㋓ と
　 考えて，
　 2×2÷2＋2×4÷2
　 ＝4÷2＋8÷2
　 ＝2＋4
　 ＝6（cm²）
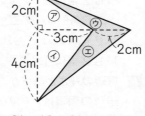
　 または，(㋐＋㋑＋㋒＋㋓)－(㋐＋㋑) と考えて，
　 6×5÷2－6×3÷2＝30÷2－18÷2
　 ＝15－9＝6（cm²）

4 (1)長方形の面積から 2 つの三角形の面積をひ
　 いて求めます。5×7－2×5÷2－4×2÷2
　 ＝35－10÷2－8÷2＝35－5－4＝26（cm²）

(2)長方形の面積から 3 つの三角形の面積をひい
　 て求めます。
　 6×9－5×6÷2－9×3÷2－3×4÷2
　 ＝54－30÷2－27÷2－12÷2
　 ＝54－15－13.5－6＝19.5（cm²）
(3)台形の面積から三角形の面積をひいて求めます。
　 (6＋9)×7÷2－9×(7－4)÷2
　 ＝15×7÷2－9×3÷2＝105÷2－27÷2
　 ＝52.5－13.5＝39（cm²）
(4)右の図のように，2
　 つの三角形の面積
　 の和と考えると，
　 5×4÷2＋3×6÷2
　 ＝20÷2＋18÷2
　 ＝10＋9＝19（cm²）
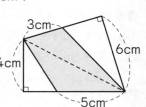

① (1)84 cm² (2)30 cm²
　 (3)16 cm² (4)50 cm²
② 6 cm
③ 7 cm
④ 6 cm
⑤ 15 cm²
⑥ (1)225 cm² (2)60 cm²

解き方

① (1)底辺の長さが 12 cm，高さが 7 cm の平行
　 四辺形なので，12×7＝84（cm²）
　 (2)底辺の長さが 12 cm，高さが 5 cm の三角形
　 なので，12×5÷2＝60÷2＝30（cm²）
　 (3)上底の長さが 3 cm，下底の長さが 5 cm，高
　 さが 4 cm の台形なので，
　 (3＋5)×4÷2＝8×4÷2＝32÷2＝16（cm²）
　 (4)正方形は対角線の長さが等しいひし形です。
　 10×10÷2＝100÷2＝50（cm²）
② 48÷8＝6（cm）
③ 21×2÷6＝42÷6＝7（cm）
④ (上底＋下底)＝25×2÷5＝50÷5＝10（cm）
　 よって，下底の長さは，10－4＝6（cm）
⑤ 高さが等しい三角形の面積は底辺の長さに比例
　 するので，底辺の長さが 3 倍になると，面積
　 も 3 倍になります。したがって，㋑の三角形

の面積は，5×3=15（cm²）

⑥ (1)白い部分を左右につめると底辺が 15 cm，
高さも 15 cm の平行四辺形になるので面積は，
15×15=225（cm²）

(2)長方形の面積から，2 つの三角形の面積をひい
て求めます。
8×(4+6)−4×8÷2−(10−6)×(8−6)÷2
=80−16−4=60（cm²）

●12日 24〜25ページ
①42　②30　③1.4　④12　⑤15　⑥0.8
1 (1)0.2　(2)0.8
2 (1)1.6　(2)0.625
3 (1)80 %　(2)25 %
4 (1)4 割　(2)6 割

解 き 方
1 はじめにあった 350 mL がもとにする量にな
ります。割合は，比べる量÷もとにする量 で
求めます。
(1)「飲んだ牛にゅうの割合」とあるので，飲んだ牛
にゅうの量が比べる量になります。
70÷350=0.2
(2)「残っている牛にゅうの割合」とあるので，残っ
ている牛にゅうの量が比べる量になります。
(350−70)÷350=280÷350=0.8
2 「△に対する□の割合」とあれば，△がもとにす
る量，□が比べる量となります。
(1)168÷105=1.6
(2)105÷168=0.625
3 「○を 1 としたときの●の割合」とあれば，○
がもとにする量，●が比べる量になります。
(1)64÷80=0.8 → 80 %
(2)残っているあめ玉は 80−64=16（個）で，こ
れが比べる量になります。もとにする量は，食
べたあめ玉の個数なので64 個になります。
16÷64=0.25 → 25 %

⟨チェックポイント⟩　百分率は割合の表し方の 1
つで，0.1→10 %，0.01→1 % になります。

4 読書クラブ全員，つまり 14+21=35（人）が，
もとにする量です。

(1)「男子の割合」とあるので，男子の 14 人が比べ
る量になります。14÷35=0.4 → 4 割
(2)「女子の割合」とあるので，女子の 21 人が比べ
る量になります。21÷35=0.6 → 6 割
⟨別解⟩　男子の割合と女子の割合をたすと読書ク
ラブ全員の割合になります。全体を表す割合は
10 割なので，(1)より女子の割合は，
10−4=6（割）

⟨チェックポイント⟩　歩合は割合の表し方の 1 つで，
0.1 → 1 割，0.01 → 1 分，0.001 → 1 厘に
なります。

●13日 26〜27ページ
①20　②14
1 (1)119 cm　(2)107.1 cm
2 (1)90 ページ　(2)45 ページ
3 (1)220 g　(2)671 g
4 (1)90 a　(2)126 a
5 (1)2000 円　(2)5000 円

解 き 方
1 (1)兄の身長 140 cm がもとにする量，0.85
が割合です。140×0.85=119（cm）
(2)姉の身長 119 cm がもとにする量，0.9 が割
合です。119×0.9=107.1（cm）
2 (1)150 ページがもとにする量，6 割が割合で
す。比べる量は もとにする量×割合 で求め
ます。6 割→0.6 なので，
150×0.6=90（ページ）
(2)1 日目に読んだ 90 ページがもとにする量，5
割が割合です。5 割→0.5 なので，
90×0.5=45（ページ）

⟨チェックポイント⟩　百分率や歩合で表された割合
は，小数になおして計算しましょう。

3 (1)カレーライスの重さ 550 g がもとにする量，
40 % が割合です。40 % → 0.4 なので，
550×0.4=220（g）
(2)ライスの重さ 220 g がもとにする量，0.55 が
割合です。トンカツの重さは，220×0.55
=121（g）なので，トンカツをのせたカレーラ

イスの重さは，550+121=671（g）

4 (1)グラウンドの面積 300 a がもとにする量，
30 % が割合です。30 % → 0.3 なので，
300×0.3=90（a）

(2)残りのグラウンドの面積 300−90=210（a）
がもとにする量，40 % が割合です。
40 % → 0.4 なので，210×0.4=84（a）
300−90−84=126（a）

5 (1)動物図かんのねだん 2500 円がもとにする
量，8 割が割合です。8 割→ 0.8 なので，
2500×0.8=2000（円）

(2)動物図かんのねだん 2500 円がもとにする量，
20 % が割合です。20 % → 0.2 なので，
2500×0.2=500（円）
これがおつりなので，出したお金は，
2500+2000+500=5000（円）

●14日 28〜29 ページ

① 1.4　② 20

1 450 mL

2 2.5 ha

3 (1)153 cm　(2)170 cm

4 (1)1200 m　(2)600 m

5 (1)120 人　(2)16 人　(3)5 %

解き方

1 もとにする量は 比べる量÷割合 で求めます。
360÷0.8=450（mL）

2 4 割→ 0.4 なので，1÷0.4=2.5（ha）

3 (1)あやさんの身長が比べる量，姉の身長がもと
にする量，80 % が割合になります。
80 % → 0.8 なので，
122.4÷0.8=153（cm）

(2)姉の身長が比べる量，兄の身長がもとにする量，
9 割が割合になります。9 割→ 0.9 なので，
153÷0.9=170（cm）

4 (1)家から公園までの道のりがもとにする量，3
割 5 分が割合になります。3 割 5 分→ 0.35
なので，420÷0.35=1200（m）

(2)図書館から公園までの道のりがもとにする量，
30 % が割合になります。30 % → 0.3 なので，
180÷0.3=600（m）

5 (1)5 年生の人数がもとにする量，65 % が割
合になります。65 % → 0.65 なので，
78÷0.65=120（人）

(2)資料館へ行った人がもとにする量，125 % が
割合になります。125 % → 1.25 なので，
20÷1.25=16（人）

(3)5 年生が 120 人で，工場に行った人は 78 人，
美術館へ行った人は 20 人，資料館へ行った人
は 16 人なので，120−78−20−16=6（人）
6÷120=0.05 → 5 %

●15日 30〜31 ページ

① 1.2　② 180　③ 162

1 (1)156 円　(2)117 円

2 (1)13680 円　(2)1680 円

3 6400 円

4 (1)11520 円　(2)2880 円

解き方

1 (1)30 % の利益をみこんだので，割合は
1+0.3=1.3 になります。120 円がもとにす
る量なので，定価は，120×1.3=156（円）

(2)25 % 引きなので，割合は 1−0.25=0.75
になります。もとにする量は定価なので，
156×0.75=117（円）

2 (1)20 % の利益をみこんだので，割合は
1+0.2=1.2 になります。仕入れのねだんが
もとにする量なので，定価は，
12000×1.2=14400（円）
ここから定価の 5 % 引きにするので，特別価
格は，14400×(1−0.05)=14400×0.95
=13680（円）

(2)仕入れのねだんは 12000 円なので，もうけは，
13680−12000=1680（円）

3 25 % 引きなので，割合は 1−0.25=0.75
になります。比べる量が 4800 円なので，も
とにする量である定価は，
4800÷0.75=6400（円）

4 (1)2 割引きなので，割合は 1−0.2=0.8 にな
ります。もとにする量は 450 円なので，32
人のバス代の合計は，
450×0.8×32=360×32=11520（円）

(2)(1)より2割引きのバス代は1人360円で，32人分の安くなった合計は，

(450－360)×32＝90×32＝2880(円)

●16日 32〜33ページ

①36 ②12 ③18 ④6 ⑤ラーメン
⑥シチュー ⑦カレーライス

1 (1)24% (2)60人 (3)170人
2 (1)200人 (2)28人 (3)2倍

解き方

1 (1)目もりを読むと，青色の部分は右側の数字が56で，左側の数字が32なので，

56－32＝24(%)

(2)全体が250人で，その24%の人数は，

250×0.24＝60(人)

(3)白色の服を着ていた人は32%なので，残りの割合は，100－32＝68(%)になります。

250×0.68＝170(人)

2 (1)テーマパークと答えた人は64人で，その割合は円グラフより全体の32%とわかるので，

64÷0.32＝200(人)

(2)デパートと答えた人の割合は，円グラフより全体の14%とわかるので，

200×0.14＝28(人)

(3)スポーツ公園と答えた人と映画館と答えた人の割合は円グラフよりそれぞれ全体の20%と10%とわかるので，20÷10＝2(倍)

●17日 34〜35ページ

1 (1)0.75 (2)0.25
2 (1)20% (2)75%
3 84円
4 (1)2.88 m (2)20%
5 (1)80人 (2)125人
6

お年玉の使いみち

| ゲームソフト | 貯金 | 服 | 本 | スポーツ用品 | CD | その他 |

0 10 20 30 40 50 60 70 80 90 100(%)

解き方

1 (1)60÷80＝0.75

(2)残りの面積は80－60＝20(m²)なので，

20÷80＝0.25

別解 肥料をまいたところとまいていないところの割合の合計は1になります。(1)より，肥料をまいたところの割合が0.75なので，残りの割合は，1－0.75＝0.25と求めることもできます。

2 (1)24÷120×100＝20(%)

(2)18÷24×100＝75(%)

3 3割の利益をみこんだ定価は，

800×(1+0.3)＝800×1.3＝1040(円)

この定価の1割5分引きにしたので，売ったねだんは，

1040×(1－0.15)＝1040×0.85＝884(円)

よって，実際の利益は，884－800＝84(円)

4 (1)3.6×0.8＝2.88(m)

(2)残った青いテープの長さは，

3.6－2.88＝0.72(m)

0.72÷3.6×100＝20(%)

別解 はじめにあった青いテープに対する赤いテープの割合をひいて残りの長さの割合を求めることもできます。1－0.8＝0.2 → 20%

5 (1)残りの人(うちゅうについて調べなかった人)の25%が20人なので，求める人数は，

20÷0.25＝80(人)

(2)うちゅうについて調べなかった80人が全体の1－0.36＝0.64にあたるので，5年生の人数は，80÷0.64＝125(人)

6 それぞれの百分率を計算して，割合の大きい順に区切ってかきます。「その他」は最後にかきます。

服…24÷150×100＝16(%)

CD…9÷150×100＝6(%)

ゲームソフト…45÷150×100＝30(%)

本…18÷150×100＝12(%)

貯金…36÷150×100＝24(%)

スポーツ用品…12÷150×100＝8(%)

その他…6÷150×100＝4(%)

解答

●18日 36～37ページ

①5 ②72 ③72 ④54

1 (1)60° (2)60° (3)正三角形

2 正八角形

3
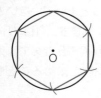

4 (1)108° (2)120°

5 105°

解き方

1 (1)円の中心のまわりの角が6等分されているので、㋐の角の大きさは、360°÷6＝60°

(2), (3)正六角形は(1)より右の図のような6つの三角形に分けられます。この三角形は二等辺三角形と考えられるので、㋑の角の大きさは、

(180°−60°)÷2＝60°

㋒は3つの角が60°の三角形なので、正三角形です。

2 360°÷45°＝8 より、円の中心のまわりの角が8等分されています。よって、円と半径が交わった点は8個になるので、正八角形ができます。

3 円の半径と同じ長さをコンパスでとり、右の図のように円周上の点Aを中心にして、円との交点をかきます。さらに、その交点を中心に同じ半径で円をかき、円との交点をかいていきます。それぞれの交点を順に結ぶと正六角形ができます。

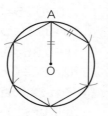

4 (1)右の図のように、正五角形の各頂点と円の中心Oを結ぶと、㋒の角は360°÷5＝72° となり、二等辺三角形の性質を用いると、㋓の角は、(180°−72°)÷2＝54°
㋐の角は㋓の角の2つ分の大きさになるので、54°×2＝108°になります。

(2)(1)と同じように考えると、右の図の㋔の角は、360°÷6＝60° になります。これから㋕の角は、(180°−60°)÷2＝60°となり、㋑の角は㋕の角の2つ分の大きさなので、60°×2＝120°になります。

5 右の図の辺ABと辺ACは長さが等しいので、三角形ABCは、二等辺三角形になります。また、正六角形の1つの角は、60°が2つ分で120°になるから、㋑の角の大きさは、120°−90°＝30°
これと三角形ABCが二等辺三角形であることから、㋒の角の大きさは、(180°−30°)÷2＝150°÷2＝75°
一直線は180°なので、㋐の角の大きさは、180°−75°＝105°

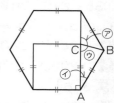

●19日 38～39ページ

①4 ②3.14 ③12.56 ④6 ⑤37.68

1 (1)15.7cm (2)21.98cm

2 15cm

3 28.26cm

4 1256cm

5 (1)41.12cm (2)42.84cm

6 (1)37.68cm (2)75.36cm

解き方

1 (1)円周の長さは、直径×3.14 で求めます。
5×3.14＝15.7(cm)
(2)3.5×2×3.14＝7×3.14＝21.98(cm)

チェックポイント 必ず 半径×2 で直径を求めてから円周の長さを求めます。

2 円周の長さ÷3.14＝直径 より、直径は、47.1÷3.14＝15(cm)

3 右の図のような、直径が9cmの円だから、円周の長さは、9×3.14＝28.26(cm)

④ タイヤのまわりの長さは
80×3.14＝251.2(cm)なので，5回転で，
251.2×5＝1256(cm)進みます。

⑤ (1)曲線部分と直線部分の和になります。曲線部
分は円周の半分なので，
8×2×3.14÷2＋8×2＝25.12＋16
＝41.12(cm)

(2)円を4等分した形なので，
12×2×3.14÷4＋12×2＝18.84＋24
＝42.84(cm)

⑥ (1)直径が4cm，8cm，12cmの円の円周の
半分の長さを合わせたもので，
4×3.14÷2＋8×3.14÷2＋12×3.14÷2
＝(4＋8＋12)×3.14÷2＝24×3.14÷2
＝37.68(cm)

> **チェックポイント** 計算のきまりを使って，
> ×3.14の計算を1つにまとめた方が，計算が
> 速く，ミスも少なくなります。

(2)直径が12cmの円の円周の半分の長さが4つ
分なので，12×3.14÷2×4＝75.36(cm)

●20日 40～41ページ

①3 ②9.42 ③4 ④12.56 ⑤5 ⑥15.7
⑦2 ⑧3

1 (1)左から順に，12.56，18.84，25.12，31.4
(2)2倍，3倍，……になる。

2 (1)2.4倍 (2)5倍

3 (1)3倍 (2)56.52cm

4 37.68cm

解き方

1 (1)半径から直径を求めて，
円周の長さ＝直径×3.14で順に計算して求め
ます。

2 (1)円周の長さは直径に比例します。直径が
12÷5＝2.4(倍)になっているので，円周の長
さも2.4倍になります。

(2)半径を5倍にすると，直径も5倍になるので，
円周の長さも5倍になります。

3 (1)色のついた部分のまわりの長さは，内側の直
径6cmの円の円周の長さと外側の直径12cm

の円の円周の長さの和になります。外側の
円の円周の長さは内側の円の円周の長さの
12÷6＝2(倍)になるので，内側の1倍と合わ
せてまわりの長さは3倍になります。

(2)(1)より，内側の円の円周の長さの3倍なので，
6×3.14×3＝56.52(cm)

4 半円の直径は，それぞれ2cm，4cm，6cm，
12cmで，2cmの1倍，2倍，3倍，6倍
になっています。曲線部分の長さも直径に比例
して，1倍，2倍，3倍，6倍となるので，
2×3.14÷2×1＋2×3.14÷2×2＋
　　　　2×3.14÷2×3＋2×3.14÷2×6
＝2×3.14÷2×(1＋2＋3＋6)
＝2×3.14÷2×12＝37.68(cm)

●21日 42～43ページ

1 正二十角形

2 (1)㋐…72°，㋑…54° (2)㋒…48°，㋓…66°

3 85°

4 (1)24cm (2)5cm

5 (1)42.84cm (2)56.52cm
(3)57.12cm (4)77.1cm

解き方

1 360°÷18°＝20より，点Oのまわりに20
個の三角形がならぶので，正二十角形ができま
す。

2 (1)㋐＝360°÷5＝72°
また，三角形ODEが二等辺三角形になること
から，㋑＝(180°−72°)÷2＝54°

(2)(1)より，正五角形の1つの角は54°×2
＝108°であり，正三角形の1つの角は60°
なので，㋒＝108°−60°＝48°
また，右の図で，三角形DEF
は二等辺三角形なので，
㋓＝(180°−48°)÷2
＝132°÷2＝66°

3 右の図で，三角形OAB
は二等辺三角形なので，
㋑と㋒の角の大きさは等
しくなります。
よって，㋒＝20°

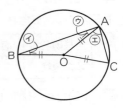

三角形 OAC も二等辺三角形なので，
④＝(180°−50°)÷2＝130°÷2＝65°
これらから，⑦＝⑨+④＝20°+65°＝85°

4 (1)円周の長さ ÷3.14＝直径より，直径は，
150.72÷3.14＝48(cm)
半径を求めるので，48÷2＝24(cm)

(2)たて 7 cm，横 8.7 cm の長方形のまわりの長
さは，(7+8.7)×2＝31.4(cm)になります。
これと同じ長さの円周の円の半径は，
31.4÷3.14÷2＝5(cm)

5 (1)曲線部分の合計は，直径 12cm の円の円周
の長さの半分になるので，
12×3.14÷2＝18.84(cm)
また，直線部分は，6×4＝24(cm)
よって，18.84+24＝42.84(cm)

(2)正方形の中の円の直径は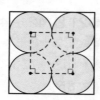
6 cm です。曲線部分は直
径 6 cm の円の円周の長さ
4 つ分から，同じ直径の円
の円周の長さ 1 つ分をひ
いた長さになるので，
6×3.14×(4−1)＝6×3.14×3＝56.52(cm)

(3)曲線部分は直径 8 cm の円の円周の長さになり
ます。直線部分は 1 辺が 8 cm の正方形のま
わりの長さなので，
8×3.14+8×4＝25.12+32＝57.12(cm)

(4)曲線部分は直径 12 cm と直径 13 cm と直径
5 cm のそれぞれ円周の半分の長さの合計に，
直線部分の 5+12+13＝30(cm) を加えま
す。
12×3.14÷2+13×3.14÷2
　　　　　+5×3.14÷2+30
＝(12+13+5)×3.14÷2+30
＝30×3.14÷2+30＝47.1+30＝77.1(cm)

●22 日 44〜45 ページ

①三角柱　②五角柱　③5　④10

1

角柱の名前	面の数	頂点の数	辺の数
六角柱	8	12	18

2 (1)四角柱　(2)面 EFGH

---

(3)面 AEFB，面 BFGC，面 CGHD，面 DHEA

(4)辺 AE，辺 BF，辺 CG，辺 DH

(5)辺 AE，辺 BF，辺 CG，辺 DH

3 (1)三角柱

(2)平行な面…面 DEF

　垂直な面…面 ABED，面 ACFD，面 BCFE

(3)辺 AD，辺 BE，辺 CF

解き方

1 底面が六角形だから，六角柱です。
面の数は，底面が 2 つ，側面が 6 つあるから，
全部で 8
頂点の数は，上の面に 6 つ，下の面に 6 つあ
るから，全部で 12
辺の数は，上の面に 6 本，下の面に 6 本，上
下方向に 6 本あるから，全部で 18

2 (1)底面が四角形だから，四角柱です。

(2)角柱の 2 つの底面は平行です。

(3)角柱の側面は，底面に垂直になっています。

(5)底面に垂直な直線で，2 つの底面にはさまれた
部分の長さが角柱の高さです。

3 (1)三角柱が横にたおれた形になっています。下
側にある面 BCFE が底面ではないことに注意
しましょう。

チェックポイント　底面は向かい合った合同な 2
つの面であることを確認しましょう。

(2)面 ABC が三角柱の底面なので，それと向かい
合う面 DEF は平行です。
面 ABED，面 ACFD，面 BCFE は三角柱の側
面だから，面 ABC と垂直です。

(3)2 つの底面にはさまれていて，底面 ABC に
垂直な辺の長さが高さになります。

●23 日 46〜47 ページ

①円柱　②31.4　③9

1 (1)8 cm　(2)28.26 cm

2 (1)

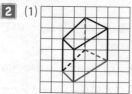

(2)

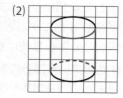

③ (1) [grid figure] (2)(例) [grid figure with circles]

④ (1)(正)五角柱　(2)三角柱

解き方

1 (1)図2の展開図における側面を表す長方形の
たての長さが円柱の高さです。
　(2)側面の長方形の横の長さ㋐は，底面の円周の長
さに等しいから，9×3.14=28.26(cm)

2 (1)辺の平行に注意して辺をかきます。見えない
辺は点線でかきます。

3 たりない部分がどこの辺かを考えてかきます。
折り目になる辺は点線でかきます。

4 組み立てたとき，向かい合う平行で合同な2
つの面が底面です。その形に注目して立体の名
前を答えます。

●24日 48〜49ページ
①四角柱　②8　③10　④40　⑤20
⑥5　⑦20　⑧160
1 (1)三角柱　(2)6 cm²　(3)120 cm²
2 (1)四角柱　(2)72 cm²　(3)432 cm²
3 (1)53.68 cm　(2)150.72 cm²
4 (1)31.4 cm　(2)314 cm²

解き方

1 (1)底面の形が三角形なので，三角柱です。
　(2)図から，底辺と高さがそれぞれ3 cmと4 cm
の直角三角形なので，面積は，
3×4÷2=12÷2=6(cm²)
　(3)展開図では，側面はまとめて1つの長方形に
なります。底面のまわりの長さは，
3+4+5=12(cm)
これが側面の長方形の横の長さなので，側面の
面積の和は，10×12=120(cm²)

2 (1)四角柱が横にたおれた形になっています。
　(2)底面は台形だから，面積は，
(6+12)×8÷2=72(cm²)
　(3)展開図を考えると，側面は，たて12cm，横
10+6+8+12=36(cm)の長方形なので，面

積は，12×36=432(cm²)

<チェックポイント> 角柱の見取図で，下側にある
面が必ず底面になるわけではないことに注意し
ましょう。

3 (1)底面の円周の長さと右
の図の側面を表す長方形
のたての長さが等しくな
るから，この長方形のた
ての長さは，
3×2×3.14
=18.84(cm)
よって，側面のまわりの長さは，
(18.84+8)×2=53.68(cm)

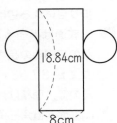

18.84cm

8cm

　(2)右の図より，側面の面積は，
18.84×8=150.72(cm²)

4 (1)底面の直径が（30−10)÷2=10(cm)より，
底面の円周の長さは，10×3.14=31.4(cm)
　(2)展開図より，求める面積はたて10 cm，横
31.4 cmの長方形の面積だから，
10×31.4=314(cm²)

●25日 50〜51ページ
1 (1)五角柱　(2)10　(3)15　(4)7
2 (1)四角柱　(2)辺IH　(3)面㋐と面㋕
3

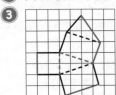

4 (1)37.68 cm　(2)339.12 cm²
5 (1)24 cm²　(2)288 cm²

解き方

1 (1)底面の形が五角形なので，五角柱です。
　(2)頂点の数は，上の面に5つ，下の面に5つあ
るから，全部で10
　(3)辺の数は，上の面に5本，下の面に5本，上
下方向に5本あるから，全部で15
　(4)面の数は，底面が2つ，側面が5つあるから，
全部で7

2 (1)底面の形が四角形なので，四角柱です。

(2)点Aは点I, Mと, 点Bは点H, Dと重なるので, 辺ABは辺IHと重なります。

(3)辺KFは四角柱の高さになる辺なので, これと垂直な面は, 底面の面⑦と面⑰になります。

③ たりない部分がどこの辺かを考えてかきます。折り目になる辺は点線でかきます。

④ (1)底面は半径6cm, つまり直径12cmの円なので円周の長さは, 12×3.14=37.68(cm)

(2)たてが37.68cm, 横が9cmの長方形になるので, 面積は, 37.68×9=339.12(cm²)

⑤ (1)底面が直角三角形なので, 面積は, 6×8÷2=48÷2=24(cm²)

(2)展開図を考えると, 側面は, たてが8+10+6=24(cm)で, 横が12cmの長方形になるので, 面積は, 24×12=288(cm²)

●26日 52〜53ページ
①5　②6　③Bさん

1 (1)時速12km　(2)時速15km　(3)自転車B

2 (1)分速50m　(2)時速210km　(3)秒速8m

3 (1)秒速5.8m　(2)けいすけさん

解き方

1 (1)24÷2=12(km)より, 時速12km

(2)45÷3=15(km)より, 時速15km

(3)同じ場所を同時に出発するから, 1時間あたりに進む道のりが多い方が先に10kmの地点を通過します。

2 (1)2000÷40=50(m)より, 分速50m

(2)630÷3=210(km)より, 時速210km

(3)80÷10=8(m)より, 秒速8m

3 (1)1分=60秒だから, 348÷60=5.8(m)より, 秒速5.8m

(2)けいすけさんの速さは, 300÷50=6(m)より, 秒速6m
よって, けいすけさんの方が速い。

チェックポイント　速さは同じ道のりを進むのにかかった時間で比(くら)べることもできます。例えば同じ80mを走るとき, 12秒かかるAさんと10秒かかるBさんでは, 10秒のBさんの方が先にゴールしているのでBさんの方が

速いことがわかります。

●27日 54〜55ページ
①20　②10　③200　④60　⑤1200

1 (1)500km　(2)120m　(3)4500m

2 (1)900m　(2)135km　(3)1.6km

3 (1)240m　(2)560km

解き方

1 (1)250×2=500(km)

(2)10×12=120(m)

(3)180×25=4500(m)

2 (1)小数がふくまれていても整数のときと同じように計算します。600×1.5=900(m)

(2)15分=(15÷60)時間=0.25時間 だから, 60×2.25=135(km)

(3)32×50=1600(m), 1600m=1.6km

3 (1)1分=60秒だから, 2分=120秒
単位をそろえて, 速さ×時間=道のり で求めます。2×120=240(m)

(2)1時間=60分 だから, 2時間20分=120分+20分=140分
4×140=560(km)

チェックポイント　時間の単位をかえるときは次のようになります。

時間 $\underset{\div 60}{\overset{\times 60}{\longleftrightarrow}}$ 分 $\underset{\div 60}{\overset{\times 60}{\longleftrightarrow}}$ 秒

また, 時間を秒になおすときは, 60×60=3600(倍)します。

●28日 56〜57ページ
①540　②9　③60　④1

1 (1)80秒　(2)2時間　(3)6分

2 (1)7分30秒　(2)1時間15分

3 (1)5秒　(2)3分30秒

4 2時間55分

解き方

1 (1)1200÷15=80(秒)

(2)30÷15=2(時間)

(3)9÷1.5=6(分)

2 (1)1500÷200=7.5(分)

1 分=60 秒 だから, 60×0.5=30(秒)

(2)30÷24=1.25(時間)

1 時間=60 分 だから, 60×0.25=15(分)

3 (1)1.7 km=1700 m, 1700÷340=5(秒)

(2)4.2 km=4200 m, 4200×3=12600(m)

12600÷3600=3.5(分)→ 3 分 30 秒

4 6 km=6000 m

行きにかかった時間は, 6000÷80=75(分)

帰りにかかった時間は, 6000÷60=100(分)

よって, 往復にかかった時間は,

75+100=175(分)→ 2 時間 55 分

◀ チェックポイント ▶   この問題ではみほさんは往復

で 6000+6000=12000(m)の道のりを 2

時間 55 分=175 分で歩いたことになります。

1 分あたりに, 12000÷175=68$\frac{4}{7}$(m)歩い

ているので, 分速 68$\frac{4}{7}$ m で往復したことと

同じになります。

この速さを平均(へいきん)の速さといいます。

● 29 日 58 〜 59 ページ

① 20400   ② 20.4   ③ 1224

1 (1)分速 300 m   (2)分速 700 m

(3)秒速 6 m   (4)時速 90 km

(5)時速 36 km   (6)秒速 20 m

2 (1)分速 200 m   (2)22 分 30 秒

【解 き 方】

1 (1)秒速×60=分速 で求めます。

5×60=300(m)

(2)時速÷60=分速 で求めます。

42 km=42000 m だから,

42000÷60=700(m)

(3)分速÷60=秒速 で求めます。

360÷60=6(m)

(4)分速×60=時速 で求めます。

1500 m=1.5 km だから, 1.5×60=90(km)

(5)分速で表してから時速で表します。

分速で表すと, 10×60=600(m)

さらに, 時速で表すと, 600×60=36000(m)

36000 m=36 km

(6)分速で表してから秒速で表します。

72 km=72000 m

分速で表すと, 72000÷60=1200(m)

さらに, 秒速で表すと, 1200÷60=20(m)

◀ チェックポイント ▶   秒速から時速は,

秒速×60=分速, 分速×60=時速 と,

×60 を 2 回しているので, 秒速を時速になお

すときは 3600 倍します。

2 (1)12 km=12000 m だから,

12000÷60=200(m)

(2)4500÷200=22.5(分)

0.5 分=30 秒 だから,

22.5 分=22 分 30 秒

● 30 日 60 〜 61 ページ

1 (1)時速 80 km   (2)20 秒   (3)144 km

(4)4500 m   (5)41 分 40 秒

2 10 時間

3 チーター

4 1360 m

5 (1)秒速 20 m   (2)分速 1200 m

【解 き 方】

1 (1)1 時間 30 分=1.5 時間

120÷1.5=80(km)より, 時速 80 km

(2)240÷12=20(秒)

(3)2 時間=120 分, 1.2×120=144(km)

(4)90 km=90000 m, 90000÷60=1500(m)

より, 時速 90 km=分速 1500 m

1500×3=4500(m)

(5)600 km=600000 m

600000÷240=2500(秒)

2500 秒=41 分 40 秒

2 行きにかかった時間は, 240÷60=4(時間)

帰りにかかった時間は, 240÷40=6(時間)

往復にかかった時間は, 4+6=10(時間)

3 チーターの速さを時速で表して比(くら)べます。

秒速30 mだから,分速は,30×60=1800(m)

時速は, 1800×60=108000(m)

79

108000 m＝108 km だから，チーターの速さは時速 108 km です。

4 秒速 340 m の音が伝わるのに 4 秒かかるきょりだから，340×4＝1360（m）

5 (1)電車がある地点を通過するのに 6 秒かかったということは，電車の長さの 120 m 進むのに 6 秒かかったということだから，
120÷6＝20（m）より，秒速 20 m

(2)20×60＝1200（m）より，分速 1200 m

● 進級テスト 62～64 ページ

1 $\frac{17}{30}$ m

2 $5\frac{9}{10}$ kg（5.9 kg）

3 (1)96 cm² (2)24 cm²
(3)72 cm² (4)96 cm²

4 (1)42 cm² (2)40 cm²

5 (1)85 ％ (2)5 分

6 20 人

7 1640 円

8 850 人

9 正九角形

10 37.68 cm

11 68.24 cm

12 (1)分速 85 m (2)2 時間 30 分

解き方

1 $1\frac{2}{5}-\frac{5}{6}=1\frac{12}{30}-\frac{25}{30}=\frac{42}{30}-\frac{25}{30}=\frac{17}{30}$（m）

2 小数を分数にそろえて，
$2\frac{1}{4}+3.65=2\frac{1}{4}+3\frac{13}{20}=2\frac{5}{20}+3\frac{13}{20}$
$=5\frac{18}{20}=5\frac{9}{10}$（kg）

別解 分数を小数にそろえて，
$2\frac{1}{4}+3.65=2.25+3.65=5.9$（kg）

3 (1)12×8＝96（cm²）

(2)8×6÷2＝24（cm²）
(3)(12+4)×9÷2＝16×9÷2＝72（cm²）
(4)12×16÷2＝192÷2＝96（cm²）

4 (1)長方形の面積から直角三角形 2 つの面積をひいて，8×12−8×6÷2−12×5÷2
＝96−24−30＝42（cm²）

別解 色のついた部分を長方形の対角線で 2 つの三角形の和と考えると，
6×8÷2+3×12÷2＝24+18＝42（cm²）

(2)白い部分を上下左右につめて考えると，たて 5 cm，横 8 cm の長方形になります。面積は，
5×8＝40（cm²）

5 (1)34÷40×100＝0.85×100＝85（％）
(2)2÷40＝0.05
0.01 が 1 分なので，0.05 は 5 分になります。

6 8 ％ → 0.08 なので，250×0.08＝20（人）

7 2000×(1−0.18)＝2000×0.82＝1640（円）

8 6 ％ 増えているので，去年をもとにした今年の児童数の割合は，1+0.06＝1.06 になります。よって，901÷1.06＝850（人）

9 360°÷40°＝9 より，正九角形になります。

10 直径が 12 cm の半円と直径 4 cm の半円と直径が 2 cm の半円と直径が 6 cm の半円の曲線部分の合計だから，求める長さは，
12×3.14÷2+4×3.14÷2+2×3.14÷2
　　　　　　　　　　　　+6×3.14÷2
＝(12+4+2+6)×3.14÷2＝24×3.14÷2
＝75.36÷2＝37.68（cm）

11 展開図にすると側面は長方形になり，たての長さはもとの円柱の高さの 9 cm，横の長さはもとの円柱の底面の円の円周の長さになるので，
8×3.14＝25.12（cm）
になります。よって，まわりの長さは，
(9+25.12)×2＝34.12×2＝68.24（cm）

12 (1)速さ ＝ 道のり ÷ 時間 だから，
1700÷20＝85（m）より，分速 85 m

(2)時間 ＝ 道のり ÷ 速さ だから，
30÷12＝2.5（時間），2.5 時間 ＝2 時間 30 分